网络空间与电子战领域科技发展报告

WANG LUO KONG JIAN YU DIAN ZI ZHAN LING YU KE JI FA ZHAN BAO GAO

中国电子科技集团发展战略研究中心

国防工业出版社

·北京·

图书在版编目（CIP）数据

网络空间与电子战领域科技发展报告/中国电子科
技集团发展战略研究中心编著 . —北京：国防工业出版
社，2023.7
（国外国防科技年度发展报告. 2021）
ISBN 978 – 7 – 118 – 12907 – 6

Ⅰ.①网⋯　Ⅱ.①中⋯　Ⅲ.①互联网络 – 科技发展 –
研究报告 – 世界 – 2021　Ⅳ.①TP393.4

中国国家版本馆 CIP 数据核字（2023）第 116164 号

网络空间与电子战领域科技发展报告

编　　者　中国电子科技集团发展战略研究中心
责任编辑　汪淳
出版发行　国防工业出版社
地　　址　北京市海淀区紫竹院南路 23 号　　100048
印　　刷　北京龙世杰印刷有限公司
开　　本　710 × 1000　1/16
印　　张　12¼
字　　数　134 千字
版 印 次　2023 年 7 月第 1 版第 1 次印刷
定　　价　86.00 元

《国外国防科技年度发展报告》

(2021)

编 委 会

主   任   耿国桐

委   员（按姓氏笔画排序）

王三勇   王家胜   艾中良   白晓颖

朱安娜   李杏军   杨春伟   吴 琼

吴 勤   谷满仓   张 珂   张建民

张信学   周 平   殷云浩   高 原

梁栋国

《网络空间与电子战领域科技发展报告》

编 辑 部

主　　编　李　硕

副 主 编　彭玉婷

编　　辑（按姓氏笔画排序）

李祯静　侯琴鈜　梁萱卓

《网络空间与电子战领域科技发展报告》

审稿人员

全寿文　孙宇军　李加祥　王德臣
夏文成

撰稿人员（按姓氏笔画排序）

丁　宇　于晓华　王一星　王晓东

方辉云　吕　玮　朱　松　苏建春

杜雪薇　李　硕　李子富　李奇志

张　洁　张春磊　张晓玉　张晓芸

陈　倩　陈柱文　郝志超　费华莲

曹宇音　龚汉卿　曾　杰

编写说明

　　科学技术是军事发展中最活跃、最具革命性的因素，每一次重大科技进步和创新都会引起战争形态和作战方式的深刻变革。当前，以人工智能技术、网络信息技术、生物交叉技术、新材料技术等为代表的高新技术群迅猛发展，波及全球、涉及所有军事领域。智者，思于远虑。以美国为代表的西方军事强国着眼争夺未来战场的战略主动权，积极推进高投入、高风险、高回报的前沿科技创新，大力发展能够大幅提升军事能力优势的颠覆性技术。

　　为帮助广大读者全面、深入了解国外国防科技发展的最新动向，我们以开放、包容、协作、共享的理念，组织国内科技信息研究机构共同开展世界主要国家国防科技发展跟踪研究，并在此基础上共同编撰了《国外国防科技年度发展报告》（2021）。该系列报告旨在通过跟踪研究世界军事强国国防科技发展态势，理清发展方向和重点，形成一批具有参考使用价值的研究成果，希冀能为实现创新超越提供有力的科技信息支撑。

　　由于编写时间仓促，且受信息来源、研究经验和编写能力所限，疏漏和不当之处在所难免，敬请广大读者批评指正。

军事科学院军事科学信息研究中心

2022 年 4 月

前　言

随着网络空间与电磁空间在现代军事领域的应用不断拓展，其制胜机理层出不穷，技术装备日新月异，作战运用推陈出新，作战体系不断完善，重要性日益彰显。全面掌握国际网络空间与电子战发展态势，研究分析世界范围内网络空间与电子战科技发展，准确研判国外网络空间与电子战领域重大事件、前沿技术和热点问题，对加快我国网络空间与电子战领域的建设，维护国家安全，具有重大意义。

本报告系统梳理 2021 年度网络空间和电子战总体发展态势以及各分领域的发展动向，对重大及热点事件进行了深入研究，全面梳理了全年网络空间与电子战领域发生的大事，按内容分为综合动向分析、重要专题分析和附录三部分，以期能让广大读者全面深入了解本领域发展的最新动向。

本书由中国电子科技集团发展战略研究中心牵头，由中国电子科技集团第二十九研究所、第三十六研究所、第五十一研究所、第五十三研究所等单位共同完成，同时也得到中国电子科技集团众多专家的大力支持。由于时间仓促，编者水平有限，书中难免存在错误和疏漏之处，敬请领导专家和广大读者批评指正。

编者

2022 年 5 月

目　录

综合动向分析

重要专题分析

网络空间领域

电子战领域

附录

综合动向分析

2021 年网络空间领域科技发展综述

2021 年，在日益不稳定的全球网络安全格局中，大规模针对网络行动大幅增加，攻击复杂性持续上升，网络安全已成为影响国家安全的重要因素。为此，各国持续加强网络顶层设计、加速网络空间军事竞争、加快网络安全技术赋能，网络强国建设已经从"粗放式"发展延伸至"精细化"耕耘的新阶段。

一、全球网络冲突加剧，网络对抗愈演愈烈

2021 年，全球网络空间局部矛盾冲突接连不断，现实冲突与网络空间冲突相互交织，国家级网络攻击正与私营企业技术融合发展，全球网络对抗在底线试探中正在向新阶段发展。

（一）网络冲突国家化初步显现

2021 年，全球网络空间局部冲突依旧不断，国家级网络攻击频次不断增加，攻击复杂性持续上升，全球网络安全风险正在不断增加。

美俄网络空间的争夺日趋激烈，网络博弈目的、手段、烈度比以往更

加多样化。5 月，由国家支持的网络间谍活动攻击俄罗斯 Yandex、Mail.ru 公司的云存储设施，致使俄罗斯政府遭遇史无前例的数据泄露；9 月，俄罗斯高级持续威胁（APT）组织使用了一个名为 TinyTurla 的新后门，对美国、德国和阿富汗进行了一系列攻击；9 月，美国数十个政军网站遭严重网络攻击，攻击者向网站发送恶意代码与垃圾内容。

以色列与伊朗之间发生多次网络互袭，网络冲突已经成为以色列与伊朗之间新战线。4 月，以色列再次针对伊朗纳坦兹核设施进行网络攻击，导致核设施断电、离心机受损严重；10 月，网络攻击致使伊朗各地加油站瘫痪，全国燃油供应系统受影响；11 月，伊朗黑客组织"黑影"对以色列互联网基础设施发动网络攻击，此前还攻击了以色列航空航天工业公司（IAI），盗取了企业内部数据。

（二）网络雇佣军成为网络攻击帮凶

2021 年，国家级网络攻击正与私营企业技术融合发展，网络攻击私有化趋势带动了网络雇佣军的快速扩张，数量众多的高素质、有组织的黑客团体受雇于国家或私人机构，对特定目标发动网络袭击。

7 月，以色列软件监控公司 NSO 被曝利用间谍软件"飞马"（Pegasus）监听全球 34 个国家、600 余名国家元首和政府官员，窃取目标人物的信息、照片与邮箱等；7 月，SideCopy 组织以印度政府和国防军相关为邮件主题，发动鱼叉式钓鱼攻击，以恶意软件感染受害者；10 月，伊朗 APT 组织瞄准美国和以色列的国防技术公司、波斯湾港口或在中东有业务的全球海运和货运公司，使用托管在 Tor 代理网络上的 IP 对 250 多个 Office 365 用户进行大范围密码喷射。

（三）勒索软件攻击上升至国家安全

2021 年，受比特币等虚拟加密货币飙涨刺激，DDoS 勒索攻击抬头，攻击方式从大规模通用攻击转变为更具针对性的攻击，运营模式升级为"三重勒索"。政府实体、国防承包商、关键基础设施等组织机构已经成为勒索软件团伙的主要攻击目标。美国现已将勒索攻击提升至与恐怖袭击同等级别。

5 月，美国最大燃油运输管道商科洛尼尔（Colonial Pipeline）公司遭网络攻击而暂停输送业务，美国 18 个州进入紧急状态；6 月，美国能源部核安全管理局（NNSA）的核武器合同商 Sol Oriens 公司遭遇 REvil 勒索软件攻击，扬言不缴纳赎金就将核武器机密信息泄露给其他国家的军方；7 月，美国软件商 Kaseya 遭遇 REvil 勒索软件供应链攻击，导致事件影响范围颇广，被称为 2021 年影响最大的网络安全事件。

二、持续更新国家战略，加快数字作战力量转型规划

2021 年，美、英、日、俄持续发布国家战略、政策、法案和条令，进一步提升网络安全在国家安全、军事安全中的高度地位，积极应对网络威胁重大挑战。同时，世界各国着力加强网络军事能力建设顶层规划，加速网络作战力量现代化、数字化建设，谋求在全球网络空间激烈竞争格局中占据主动权。

（一）高度突出网络安全重要地位

2021 年，美、英、日、俄等国不断调整完善国家安全战略，确立安全战略目标，并规定优先关注事项，在国家安全和军事安全的全局战略高度突出网络安全的重要性。

3 月，美国政府发布《国家安全战略临时指南》，提出将网络安全列为国家安全首位，通过鼓励公私合作、加大资金投资、加强国际合作、制定

网络空间全球规范、追求网络攻击责任、施加网络攻击成本等方式，增强美国在网络空间中的能力、准备和弹性；3 月，英国政府发布《竞争时代的全球英国：安全、国防、发展与外交政策综合评估》，报告将网络列为核心安全问题，提出将开展有针对性的、负责任的进攻性网络行动，支持英国的国家安全优先事项；5 月，日本政府发布《下一代网络安全战略纲要》，指出要借助企业力量推动多层次网络防御体系构建，提高网络攻击的防御、威慑和态势感知能力，全面加强国际网络合作；7 月，俄罗斯出台《联邦国家安全战略》，将网络安全指定为新的国家战略重点，指出要发展信息对抗力量和手段，防止信息技术对俄罗斯信息资源和关键信息基础设施的破坏性影响；12 月，英国出台《国家网络空间战略》，该战略制定了 5 项"优先行动"，也是该战略框架的支柱，分别为加强网络空间生态系统建设；构建富有韧性和繁荣的数字英国；确保关键网络技术居于世界领先地位；提升英国的全球领导地位和影响力，构建安全繁荣的国际秩序；侦察、破坏并威慑对手，强化本国网络空间安全。通过 5 项行动措施以强化英国的网络空间安全、保护和促进网络空间利益。

（二）规划数字作战力量转型

2021 年，为应对网络化、数字化条件下的作战需求，英美等国以建设现代化、数字化军队为目标，制定和发布相关战略、计划，提出未来愿景与目标，力图加快网络空间作战能力建设步伐，以期在未来战场上获取信息决策优势、行动速度优势和协同作战优势。

5 月，英国国防部发布《国防数据战略》，详细阐述了英军未来的数字能力建设计划，通过标准化国防部门数字系统架构、确保数据网络系统和决策过程的安全可靠、开发基于先进技术的数据系统等方式建设国防数字主干，最终实现英军数字化转型愿景；10 月，美国陆军发布《数字化转型战略》，寻求利用战略、政策、管理、监督和快速能力推动陆军数字化转型、创新与变革，建立一支可操作性的多域作战部队，从而帮助实现2028年数字化陆军的愿景；10月，美国陆军发布"统一网络"计划，概述五大工作路线：建立统一的网络以实现多域作战、在多域作战中为部队提供战场态势、安全与生存能力、改革进程与政策、网络维护。

三、扩充网络作战力量，谋求全域作战优势

2021年，为适应网络空间安全新需求，美英等国建立太空网络作战力量，扩充网络任务部队规模，强化战术层次梯队力量建设，谋求联合全域作战优势，推动网络作战力量全面、深度发展。同时，美英等国持续优化管理机构和机制改革，通过调整工作重心强化安全防御能力，以期建立高效快速的管理体系。

（一）太空军网络力量建设初具锋芒

面对太空竞争，美国太空军正加速发展网络作战力量，致力于夺取太空主导权。当前，美国太空部队正在招募第一批网络战士，将网络作战人员从空军转移至其队伍中，以保护信息系统、执行作战任务；2月，总部位于施里弗空军基地的"太空三角洲6"部队正式将40名士兵转移至太空部队，负责执行卫星控制网络、太空网络作战等，以保护太空作战、网络和通信；4月，美军正在建立太空司令部联合网络中心，旨在与网络司令部加强联系，促进网络行动整合。

英国紧随其后，于4月正式成立太空司令部，履行太空作战、太空人才培养、开发和实施太空装备3项职能，指挥控制国防部所有太空能力，包括英国太空作战中心、"天网"卫星通信系统、皇家空军菲林代尔斯基地和其

他赋能能力。同时，英国《国家太空战略》透露，英国将斥资发展和部署创新作战能力，发展弹性太空能力和服务，保护和捍卫太空利益。

（二）网络作战部队持续扩充规模

美国网络司令部表示，其工作重心将从反恐转向具有持续对抗性质的大国竞争，并将进一步扩充、融合网络作战部队人员数量，提升新形势下的网络作战能力。10 月，美国网络司令部首次部署网络保护团队（CPT）为第 9 远征轰炸中队的 B–1B "枪骑兵" 战略轰炸机提供关键数据防护支持，负责搜索、强化和保护网络以提高战略资产的弹性；10 月，美国海岸警卫队网络司令部组建网络攻击部队，独立开展网络空间作战任务，以更快速有效应对网络威胁；11 月，美国海军陆战队建立网络防御部队，负责执行国防部信息网络（DODIN）行动和防御性网络空间行动（DCO），拒止对手通过网络空间削弱或破坏活动。

英国基于脱欧后的全新军事战略，对军队进行重大改革，国家网络力量向前迈出重要一步。10 月，英国国防大臣表示，英国将耗资 50 亿英镑建设国家网络部队（NCF）总部，由国防部和政府通信总部（GCHQ）共同运营，进一步加强英国的网络防御能力。该总部预计将在 2030 年全面投入运营，届时将雇用数千名网络专家和分析人员。

（三）管理机构优化调整工作重心

为适应不断拓展的网络空间作战需求，美军持续优化管理机构调整和机制改革，从而解决机构交叉、权责不明、任务冲突、合作不力等问题。10 月，美国国防信息系统局完成预算审查和机构重组，通过 5 条工作路线强化机构使命与任务，旨在提高整个机构的效率。通过零信任安全模式、"雷声穿顶"（Thunderdome）项目、身份验证等措施，提升和强化基于威胁的防御能力，在网络空间安全与用户体验之间寻求平衡。

美军设立网络武器研发机构、科研加速机构，提高自身"造血"能力。3 月，美国国防部启动研究中心，专注将计算能力和通信能力整合至大型军队网络系统，旨在研究用于快速态势感知的网络化可配置指挥、控制和通信，其首要任务就是研究下一代计算和通信的大规模网络化系统；11 月，美国国防部将成立一个组合管理办公室，负责加速采用零信任网络安全架构，为国防部的零信任网络实现制定战略路线图，并在国防部、任务伙伴、国防工业基地和盟友内部分享最佳实践。

四、创新装备技术研发，凝聚推动作战效能

2021 年，美欧等军事强国持续加大新兴技术投资力度，强化零信任、5G、量子等技术的研发和应用，尤其重视零信任在保障网络安全中发挥的重要作用。同时，美军充分借助业界技术和能力，探索前沿创新性项目，加强网络作战装备的研发，以大幅提升网络作战能力、夺取未来网络对抗的主动权。

（一）驱动新兴技术赋能网络安全

1. 全面拥抱、推行零信任安全架构

2020 年，一直蓄势发展的"零信任安全"成为当下可供企业网络安全选择的新架构，各类组织也开始采用愈发灵活的工作方式，允许员工身在各个位置通过多种设备接入业务系统，零信任是一种专门应用此类变化条件的网络架构。5 月，美国国防部采用零信任方式购买微电子元件，从最先进的设备商处购买商业产品并对产品的所有部件进行安全验证后才允许使用。通过零信任模式，美国国防部将获得最先进的技术，实现与战略竞争对手并驾齐驱。8 月 11 日，美国国家标准与技术研究院（NIST）发布《零

信任安全架构》正式版文件，对零信任安全原则、架构模型、应用场景等做了详细描述，供企业用户和安全厂商参考和借鉴，是迄今为止最为权威的零信任架构标准。10 月，美国国防部计划在 2020 年底前发布初始零信任参考架构，以改善网络安全。10 月 29 日，英国国家网络安全中心发布《零信任基本原则》草案，为政企机构迁移或实施零信任网络架构提供参考指导。

2021 年，美国国防部已将零信任实施列为最高优先事项，并通过发布《拥抱零信任安全模型》《国防部零信任参考架构》标准指南，进一步加速零信任实施，促进网络安全转型。美国国防信息系统局（DISA）推出"雷声穿顶"项目，通过授予 25 个软件定义广域网（SD－WAN）站点和 5000 个用户的试点范围，在 6 个月内为具有客户边缘安全栈和应用程序安全栈原型的 SASE（安全访问服务边缘）和 SD－WAN 架构，提供初始的最小可行产品（MVP）；国防部参考《国防部零信任参考架构》，通过开发和实施测试环境来评估代表性的零信任功能，对参照架构进行验证，并对零信任功能进行不断发展，所获得的经验教训将用于参照架构的下一次迭代；美国空军第 16 航空队审查了零信任方案及其措施，并将零信任架构应用于帕特里克太空部队基地，确保 688 网络空间联队任务和基地操作的操作与零信任完美结合，同时嵌入全面的网络安全措施。

2. 持续拓展 5G 多场景安全应用

2021 年，美欧等国在加速 5G 技术的大规模军事应用测试、部署的同时，积极探索基于太空的 5G 安全网络，确保 5G 技术的安全性、鲁棒性，减少作战中的系统漏洞。2 月，美国太空军太空及导弹系统中心发布"5G 太空数据传输"（SDT）项目征求书，寻求使 5G 网络、射频与微波接入、移动支持以及相关大数据适用于太空系统，实现军队与指挥机构间快速、安全的数据传输；4 月，美国空军与 Phosphorus 公司签订合同，开发适用于国防部 5G 装备的网络安全解决方案，自动保障物联网设备的网络安全；11月，Verizon 公司和洛克希德·马丁公司签订 5G. MIL 技术合作开发协议，合作开发自动化测试案例，评估所有 5G 组件和接口的网络安全和漏洞，确定其 5G 解决方案在整个生命周期内的网络弹性，确保国防部系统的安全可靠连接。

3. 推动量子加密卫星的突破发展

2021 年，美欧等持续加码量子技术的国防应用研究，通过提供资金支持、支持量子技术商业化应用等方式，构建基于卫星的量子加密网络，保护任何联网设备的通信链路免受黑客攻击。5 月，法国泰雷兹集团（Thales）和澳大利亚塞内塔斯公司（Senetas）合作推出全球首个抗量子网络加密解决方案，以保护客户数据，使之免受未来的量子攻击；6 月，英、美、加、日等七国联合开发一个基于卫星的量子加密网络，利用量子技术的突破防范日益复杂的网络攻击；7 月，美国空军创新中心授予阿里罗量子公司合同，利用现有软件控制系统与模拟技术，提供"量子纠缠即服务"，可实现百分百安全网络；8 月，美国太空 EA 系统公司研发出由卫星支持的后量子加密网络，建立防入侵的数据交换机制，可应对量子计算威胁。

（二）确保网络作战装备有效落地

2020 年，美军利用"网络持续训练环境"、基于云的互联网隔离系统、Mayhem 系统等新型网络装备，大幅提升网络空间联合作战态势感知、任务规划、指挥控制等能力。同时，保护美军远程办公的网络安全，实现新质战斗力的跃升。

随着网络作战在军事领域的重要性日益凸显，世界主要国家均将网络武器研发视为战略竞争的新高地。2021 年，美欧等国不断加强网络态势感知、训练测试、安全防御等网络装备研发，提高基于网络信息体系的作战能力。

1. 网络战场态势感知系统落地使用

4 月，作为美国网络作战关键系统的 IKE 项目正式移交美国网络司令部。项目可为美国网络任务部队提供网络指挥控制和态势感知能力，并利用人工智能和机器学习技术帮助指挥官理解网络战场、支持制定网络战略、建模并评估网络作战毁伤情况。项目可视为美国网络司令部联合网络指挥控制项目的试点项目，并将成为未来网络指挥控制的核心及基础。

2. 搭建多场景网络靶场环境

当前，太空与导弹系统中心正利用美国国家网络靶场（NCR）的基础设施，开发太空网络试验靶场，为试验与鉴定、训练提供网络太空环境。在此环境中，红队渗透测试人员可以在接近实战条件的情况下，对新卫星的硬件模型及其地面控制系统的虚拟副本实施网络攻击，从而发现漏洞并进行修复。该靶场还将用于培训卫星运营商对抗此类攻击。太空网络试验靶场预计将于 2022 年投入使用，2023 年生成全面作战能力。

4 月，美国陆军宣布为城市构建一种定制的便携式网络攻击演习平台，以保护电信或供水服务系统等关键基础设施，使其免受网络攻击。该平台具备场景构建能力，能为军方提供数据库制定决策，其他城市也可根据自身需求对其进行调整。首个测试版平台于 2021 年推出，2023 年提供全面运行。

3. 强化安全防护装备研发

2021 年，美、澳等国充分借助业界技术和能力，加强网络安全装备的研发，从全局视角提升对安全威胁的发现识别、理解分析、响应处置能力。

3月，美国陆军"网络探索2021"演习中测试了由埃森哲公司开发的一种高度机密工具。作为攻击性网络行动的安全措施，该工具使用了截取到的或逆向工程的代码，利用模式识别来模糊美军网络战士留下的数字签名，从而避免美军攻击行动被溯源。该工具将同时供地面战术部队和美国网络任务部队使用；9月，英国战略司令部创新中心与Anduril公司签订合同，展示基于人工智能技术的新型多域部队安全保护技术。该公司的硬件"订阅服务"包括提供周边安全系统（包括软件更新和供应商支持）且结合英国国防部的资产保护传感与集成电子网络技术软件。

（三）探索前沿创新性项目研究

2021年，以美国国防高级研究计划局（DARPA）为代表的国防科技研发机构持续加大网络空间安全尖端技术投入，围绕供应链安全、信息系统等领域开展项目，寻求军事应用和大幅提升作战能力的技术途径。

3月，DARPA推出"自动实现应用的结构化阵列硬件"（SAHARA）项目，将与英特尔公司、佛罗里达大学、马里兰大学和得克萨斯A&M大学的学术研究人员合作，设计自动、可扩展、可量化的安全结构化专用集成电路（ASIC），旨在扩大美国国内制造能力的使用范围，以应对阻碍国防系统定制芯片安全开发的挑战；3月，欧洲防务局选择泰勒斯公司启动关于"网络编程和编排技术"（Softanet）项目，为通信网络使用最新虚拟化技术提供更深入的见解，为可部署战术网络的发展以及采用可编程网络技术、软件定义网络（SDN）模型和5G奠定基础；10月，DARPA推出"针对新兴执行引擎的加固开发工具链"（HARDEN）项目，为软件开发者提供理解软件突发行为的方法，在整个软件开发生命周期中预测、隔离和缓解计算系统的突发行为，从而限制攻击者利用漏洞的能力。

五、联合开展网络演习，提升全域作战能力

2021 年，美、欧等除按惯例开展年度大型网络演习外，还积极举行联合网络演习，特别瞄准太空战场和网络空间，致力于发展多域作战。同时，美军立足攻防实践升级安全、提升军事基础能力的需求，举办网络攻防竞赛活动，组织人员在仿真场景中开展攻防演练，以达到发现安全漏洞、培养网络人才、提升实战经验的目的。

（一）举行验证联合全域概念的专项演习

美军新兴联合全域作战概念特别强调增加太空和网络空间，以充分利用两者在交战规则、机动方式和作战效果等方面的优势。目前，美军正积极寻求将网络与信息环境中的其他能力进行整合，通过实战演习提高全军联合作战能力。

1 月，美国空军启动"红旗 21 – 1"演习，通过实战、虚拟和构造方阵，开展了空中、太空和网络空间的一体化作战和训练；3 月，美国陆军举行"网络探索 2021"与"远征战士实验"的合并演习活动，测试了网络态势感知、电子战、战术无线电等 15 种技术，旨在测试连级以下的多域作战新概念，从而达到强化协同效果；10 月，陆军"融合项目"就实验网络、人工智能等 110 项技术开展大规模演示，协调跨陆、海、空、天、网五大作战领域的军事行动，以为美军联合作战概念和联合全域指挥控制提供信息。

（二）依托创新装备开展网络演习

面对作战概念、作战场景、作战需要的变化，全球各国正在对网络演习进行动态创新发展，改进演习形式，改善演练技术装备，从而使网络战士更好地做好战术准备。

6月，美国国民警卫队举行的"网络扬基"演习首次使用了美国网络司令部开发的"网络9线"（Cyber 9 – Line）系统，可使用户快速将网络攻击细节通过指挥系统上传至网络司令部，从而做出更快速、高效的反应；6月，美国网络司令部举行的"网络旗帜21 – 2"演习再次使用持续网络训练环境（PCTE），该平台规模较往年扩大5倍，并且演习在跨越8个时区的3个国家展开。

（三）开展协同能力提升的国际联盟演习

美欧将联盟关系从现实世界推动到网络空间，通过加强在网络空间的合作，在新兴作战领域建立集体作战优势，力图掌握未来作战主导权。2021年，美欧等国积极举行联合网络演习活动，促进盟国之间在网络空间的练兵协作。

4月，北约举行"锁定盾牌"演习，共有30个国家、2000多名网络战士及专家参与此次演习，通过考验相关国家保护重要服务和关键基础设施的能力，强调网络防御者和战略决策者需要了解各国IT系统之间的相互依赖关系；11月，美国网络司令部举行"网络旗帜21 – 1"演习，共有23个国家的200多名网络作战人员参与演习，以网络空间集体防御为重点对美国及其盟友、合作伙伴的参演人员进行了检验和培训；12月，北约举行年度"网络联盟"演习，共计约1000名盟国及合作伙伴的网络防护人员参演，旨在改善自身IT网络保护并微调与盟国和合作伙伴实时信息交换机制的手段，并检验在网络空间开展行动以及威慑和防御网络领域威胁的能力。

六、结束语

回顾2021年，世界主要国家网络空间政治和军事领域力量继续保持增长态势，具有国家背景的黑客组织得到快速发展，太空网络安全建设重要性进一步凸显，网络空间规则主导权和话语权争夺更加激烈。面对网络空间竞夺的低烈度对抗状态，应进一步增强网络防御手段、优化装备建设、研发自主技术已迫在眉睫。

（中国电子科技集团第三十研究所　龚汉卿）

2021 年电子战领域科技发展综述

2021 年，在电子战发展历程上是承前启后的一个重要阶段，全球电子战继续呈现强劲的发展态势。

纵观当前外军尤其是美军电子战发展，主要呈现三大特点：一是随着美国将中俄作为战略对手，大国博弈不断升级，电磁频谱成为对抗前沿，美军积极谋划重塑电磁频谱优势，不断加大在电磁频谱作战领域的投入；二是随着电磁频谱作战理论不断完善，电子战持续转型提升，电磁频谱作战体系建设全面启动；三是随着人工智能、无人蜂群等技术的不断发展，电子战新技术新装备持续涌现。

进入 2021 年，全球电子战在战略、编制、技术、装备、训练等各个方面都展示出众多新的发展动向，进入一个新的高速发展阶段。

一、战略规划上，美军加快实施电磁频谱优势战略，构建电磁频谱作战体系

2020 年 10 月，美军发布了《电磁频谱优势战略》，为美军电磁频谱领

域的发展确定了目标，标定了方向，在美军电子战发展上具有重要里程碑意义。战略要求在文件发布后180天内制定对战略的实施方案作为美军落实电磁频谱优势战略的具体行动指南。2021年，在美国国会的敦促下，美国国防部抓紧制定实施方案。1月，美军以联合需求监督委员会备忘录的形式发布了《联合电磁频谱作战战略联合指南》。该指南作为战略的后续文件，包含了对联合电磁频谱作战能力的需求清单。7月，美国国防部部长劳埃德·奥斯汀正式签署了《电磁频谱优势战略实施方案》。该实施方案从综合视角审视美军的电磁频谱体系，为达成"在己方选定的时间、地点和参数上实现电磁频谱中的行动自由"的战略愿景提供了方向和实施纲领，标志着美军《电磁频谱优势战略》的正式启动。

美国各军种在新的战略指导下，也加快推进了本军种的电磁频谱作战规划。2021年4月，美国空军部发布了其首部《电磁频谱优势战略》，对美国空军和太空军提供指导并与国防部电磁频谱优势战略保持一致。该战略旨在实现3个主要目标：①建立组织机构；②快速开发并提供敏捷的电磁战/电磁频谱能力；③发展电磁战/电磁频谱优势力量。美国海军也正在更新其电磁频谱战略。此外，美国海军陆战队发布规划，计划未来5年投入10亿美元发展电子战能力，以达到"对等电子战作战"的效果。

二、组织编制上，美军重构电磁频谱作战管理机构，成立新的频谱作战部队

为了提升管理效率、推动电磁频谱优势战略更好地落实，《电磁频谱优势战略实施方案》对美军电磁频谱管理体系进行了梳理，成立了新的组织机构，并明确了各自的职责范围。

《电磁频谱优势战略实施方案》明确了国防部首席信息官担任国防部长在频谱相关事项的首席顾问，他将与执行机构、立法机构、工业界以及盟国紧密合作，制定管理政策并监督频谱优势战略方案的实施。而电磁频谱作战跨职能小组作为一个临时机构，在将监督职责移交给国防部首席信息官后会择时解散。

美国战略司令部新设由两星少将领导的联合电磁频谱作战中心。该中心具有跨级上报的权限，其职责是对联合电磁频谱作战战备情况进行鉴定、评估和确认，发现美军联合电磁频谱作战的不足，审视美军是否具备在复杂电磁作战环境中进行作战的能力。美国战略司令部还将与各军种的电磁频谱作战专属军事教学中心合作，为其他作战司令部提供训练支持。战略司令部还负责为国防部首席信息官提供作战设想图，为国防部制定电磁频谱体系政策并负责联合部队的训练和教育。

美国空军在电磁频谱作战机构与部队建设上取得突破。继 2020 年 8 月美国空军成立电磁频谱优势局之后，2021 年 6 月美国空军宣布正式成立第 350 频谱战联队。该联队隶属于美国空军空战司令部，是美国空军首支专门从事频谱战的联队，下辖第 350 频谱战大队和第 850 频谱战大队，人员编制 2131 人。该联队的主要工作是为美国空军提供作战、技术和后勤方面的电子战专家，支持电子战系统的设计、测试、评估、战术开发、部署、技术鉴定等工作，并通过电子战系统的快速重编程能力来应对同等对手的挑战。

随着电磁频谱作战的发展，美国还将继续对有关电磁频谱的机构进行调整并组建新的作战部队，为电磁频谱作战构建新的组织架构，充实人员基础。

三、技术装备上，认知电子战应用日趋广泛，重点型号装备加快部署

在人工智能、大数据、无人蜂群、定向能等技术发展大潮推动下，电子战技术装备稳步发展。2021 年美军在认知电子战、高功率微波武器上有了实质性进展。

（一）认知电子战持续发展，技术向装备日趋转化

美国空军正寻求采用人工智能和机器学习算法赋予 F－15 战斗机"鹰"有源/无源告警与生存系统（EPAWSS）认知能力。2021 年 3 月，美国空军全寿命周期管理中心要求工业部门为 F－15 战斗机提供认知电子战能力，在两年内将认知电子战技术应用到 F－15 战斗机上，在密集信号环境中更快速、更智能地应对新出现的威胁。F－15 战斗机当前装备的 EPAWSS 由 BAE 系统公司研制，包括新型数字雷达告警接收机、改进的箔条和曳光弹投放器、新型光纤拖曳式诱饵，系统能够高度自动化工作，非常适合集成认知电子战能力。

2021 年 9 月，美国空军研究实验室宣布将启动名为"怪兽"的认知电子战项目。该项目旨在将人工智能及机器学习用于未来的认知电子战系统，帮助飞机穿透敌方依赖多频谱传感器、导弹及其他防空资产的下一代综合防空系统。项目将使用开放系统标准、敏捷的软件算法开发和过程验证工具，开发可移植到已列装系统的人工智能和机器学习技术。

欧盟启动"卡耳门塔"认知电子战项目。该项目旨在开发基于人工智能和认知行为的机载自卫系统，以应对当前和未来的各种复杂威胁。

（二）定向能武器逐渐成熟，多型高功率微波系统投入实用

定向能武器作为"改变游戏规则"的颠覆性电子战系统，一直受到高度重视，是电子战领域的研发重点。

2021 年，美国空军发布了《2060 年定向能的未来——对美国国防部未来 40 年定向能技术的发展》报告，指出定向能目前在应用上正接近或已经过了临界点。这个判断表明美军在定向能技术上已取得实质性进展，距离实战应用已经不远或者已经投入了应用。

2021 年在高功率微波领域涌现了多型新装备。洛克希德·马丁公司开发出一个名为"莫菲斯"的反无人机解决方案。它以 ALTIUS 无人机为平台载体，搭载高功率微波武器。ALTIUS 无人机可通过 6 英寸（15.24 厘米）口径的发射管从地面发射，也可从车辆或飞机发射，从空中近距离抵近对方的无人机群，利用达千兆瓦的微波功率使目标失效。

高功率微波武器成为对抗无人机蜂群的重要手段。2021 年 2 月，美国陆军在科特兰空军基地对空军研发的"战术高功率作战响应器"（THOR）进行现场评估，系统演示了对抗无人机蜂群的能力。随后美国陆军确定与空军开展合作，研发对抗无人机的高功率微波武器。7 月，美国空军研究实验室宣布与联合反小型无人机系统办公室、美国陆军快速能力与关键技术办公室合作，以"战术高功率作战响应器"为基础开发一款名为"雷神之锤"的新型高功率微波武器系统。首套原型样机将于 2023 年交付，陆军计划在 2024 年将样机部署到一线部队。

（三）美军电子战重点型号项目不断推进，多型装备投入生产

面向大国对抗美国开展了一系列电子战型号的研发，包括"下一代干扰机""水面电子战改进项目""先进反辐射导弹 – 增程型"等多型装备。

2021 年，美国海军加快推进"下一代干扰机"中低波段吊舱的研制和生产。6 月，美国海军宣布"下一代干扰机"中波段吊舱经过 145 小时的飞行测试以及 3100 多小时的暗室测试，已完成研发测试。7 月，美国海军授予雷声公司一份价值 1.71 亿美元的合同，启动了"下一代干扰机"中波段吊舱低速率初始生产。雷声公司将在批次 1 阶段生产 6 个供作战鉴定使用的中波段吊舱，并于 2023 年 10 月完成交付。此外，美国空军将研究分析空军战术飞机装备"下一代干扰机"的必要性和可行性。《2022 财年国防授权法案》要求美国空军部长对机载电子攻击进行评估，分析将美国海军 ALQ－249"下一代干扰机"吊舱挂载空军战术飞机的可行性，并于 2022 年 2 月 15 日前向武装部队委员会提交评估报告。

2021 年 7 月，美国海军最新研发的 AGM－88G"先进反辐射导弹－增程型"（AARGM－ER）完成首次试射。此次试射中，导弹从 F/A－18"超级大黄蜂"战斗机发射，完成了所有计划的测试目标。8 月，"先进反辐射导弹－增程型"项目通过里程碑 C 评审。10 月，诺斯罗普·格鲁曼公司获得 AGM－88G 低速率初始生产合同。

在舰载电子战领域，6 月诺斯罗普·格鲁曼公司向美国海军交付了首套 AN/SLQ－32（V）7"水面电子战改进项目"Block 3 工程与制造开发型，用于进行陆上测试，计划年底交付两套 SEWIP Block 3 样机安装在"阿利·伯克"级 Flight Ⅲ 驱逐舰上。AN/SLQ－32（V）7 将极大地增强美军水面舰只对反舰导弹的防御能力。此外，美军还加快了其他一些重点型号电子战装备的研发部署。美国海军陆战队在 MV－22B"鱼鹰"倾转旋翼飞机上对最新型号的"猛虎 Ⅱ"（Intrepid Tiger Ⅱ）电子战系统进行了飞行试验。美国陆军加大了对"空中大型多功能电子战系统"的投入。

（四）日本开发防区外干扰机，加快新型装备部署应用

2021 年 2 月，日本防务省采办、技术与后勤局授予川崎重工一份 150

亿日元（约合 1.43 亿美元）的合同，用于为日本航空自卫队研发具备执行防区外电子战任务能力的飞机。该新型飞机将装备信号情报和电子攻击装备，项目分为两个阶段。第一阶段预计耗资 4650 万日元，川崎重工将设计并生产两架原型机，并在 2026 财年末完成初期试验。第二阶段涉及第三和第四架原型飞机的制造工作，预计 2032 财年完成终试。

2021 年 3 月，日本陆上自卫队于九州岛熊本县健军营建立了第 301 电子战连，并为其配备了日本自研的网络电子战系统。网络电子战系统是日本防卫装备厅研发的一款车载电子战系统，具备电子支援和电子攻击功能，能够覆盖大多数军用卫星、通信及雷达系统的工作频段。日本在 2021 财年预算中确定将花费 87 亿日元用于继续采购该系统。

（五）欧盟联合开展电子战研发，启动多个电子战项目

2021 年，欧盟委员会根据欧洲国防和工业发展计划（EDIDP）启动多个电子战系统开发项目。其中，"卡耳门塔"（CARMENTA）项目旨在设计一种具备认知能力的机载自卫系统。"欧洲联合反无人机系统"项目旨在开发基于模块化、灵活的、即插即用架构的新一代反无人机电子战系统。"信号"项目将为 II 类无人机系统开发基于光子学的电子战支援和电子情报系统。"数字融合式无源采集"项目将开发用于海岸和港口防御的无源探测系统网络。"皇冠"项目的目标是开发一款技术成熟度达到 4 级的具有雷达、电子战和通信功能的多功能射频系统。

四、训练应用上，加强电子战演习，演练新的电子战战术

当前美国电子战发展主要聚焦于与中俄的大国对抗，为此，美国加大了电子战演习应用力度，并演练了大国对抗下的电子战技战术。

2021 年以来，美国不断派出 RC－135W、EP－3E、P－8A、E－8C 以及"全球鹰"等多型飞机在我周边进行电子侦察和骚扰，严重侵犯了我电磁空间安全。同时，美军还加大了对电子战的演习力度。

5 月 3 日至 14 日，美国印太司令部在阿拉斯加及周边地区举行了"北方利刃 2021"联合演习。演习中，F－15 战斗机通过 EPAWSS 压制敌人防御系统，协助 F－35 突防，演练了四代机与五代机的电子攻击战术、技术和程序。

6 月 5 日，日本海上自卫队和美国海军在日本海举行了联合电子战演习。演习中日本"爱宕"号驱逐舰与美军两架 EA－18G 电子战飞机开展了防空和电子战演练，此次演习旨在提升日本海上自卫队的战术能力和日美之间的协同作战能力。

8 月 12 日至 8 月 27 日，美国空军与澳大利亚皇家空军军举行了"红旗－阿拉斯加 21－3"联合军演。美军多个军事部队和澳大利亚皇家空军共约 1800 名人员和 80 多架飞机参加了此次演习。"红旗－阿拉斯加"演习通常 3～4 年举行一次。

2021 年，俄罗斯海军北方舰队电子战中心在摩尔曼斯克地区开展了一场战术演习，首次大规模使用"摩尔曼斯克－BN"短波通信干扰系统，对敌方的短波信号进行无线电侦察、拦截与压制。此次演习中，俄军将"摩尔曼斯克－BN"部署在了深入北极圈 100 千米的区域，成功地完成了所有指派的任务。

五、结束语

2021 年，全球范围内局部冲突与争端明显增多，大国对抗更加激烈。

亚太地区与乌克兰东部地区成为大国交锋的焦点，电磁频谱领域的斗争愈演愈烈，电子战装备发展、应用与战备力度显著增强。

（中国电子科技集团第二十九研究所　朱松　王晓东）

重要专题分析

美国最大输油管道遭受勒索软件攻击事件解析

　　2021 年 5 月 7 日，美国最大的成品油管道公司科洛尼尔遭到勒索软件攻击被迫关闭设备，导致美国东海岸 45% 的汽油、柴油等燃料供应受影响，美国政府宣布 17 个州和华盛顿特区进入紧急状态。6 月，美国纽约市和马萨诸塞州交通系统遭勒索软件攻击。一系列事件表明，网络空间军事化、网络武器平民化、网络攻击常态化态势日益明显，关键基础设施正在成为网络攻击的首要目标。关键基础设施关系国计民生，提高关键基础设施网络安全迫在眉睫。

一、事件分析

　　5 月 7 日，美国最大的汽油和柴油管道公司科洛尼尔宣布因遭到网络攻击导致网络中断，并暂时关闭了所有管道运营；支付 500 万美元赎金后，得到解密软件。5 月 10 日，美国联邦调查局确认黑客组织"黑暗面组织"（DarkSide）勒索软件攻击是造成科洛尼尔公司网络瘫痪的原因。

（一）此次事件使用的勒索软件情况

　　勒索软件已被许多人视为最具威胁性的网络安全风险。勒索软件是一类木马病毒，常见的有 Maze、"想哭"、Ryuk 等，一般伪装成普通应用软件、程序更新补丁或电子邮件附带的文件、链接等。这些向受害者发送的恶意程序或链接一旦被打开，黑客就可以将勒索软件植入计算机系统，通过骚扰、恐吓甚至绑架用户文件等方式，使受害者的数据资产或计算资源无法正常使用，并以此勒索赎金。

"黑暗面组织"的恶意软件是 IT 勒索软件，目的是窃取数据并锁定 IT 系统。该勒索软件会在目标环境中进行渗透并安装后门程序，进而清空回收站、删除卷影副本、停止对应服务和进程，并加密本地磁盘和共享文件夹，并于最后释放勒索信。

（二）勒索软件攻击的主要手段

勒索软件首先在目标服务器上安装"洋葱"客户端或浏览器，并使用"洋葱"路由进行远程桌面会话连接，之后使用 CobaltStrike 进行远程控制。由于运输管道的压力传感、恒温器、阀门和泵用于监控数百千米管道中的柴油、汽油和喷气燃料的流量，所有这些技术参数都需要连接到中央系统。"黑暗面组织"勒索软件凭借软件漏洞入侵中央系统，扰乱并窃取计算机数据，进而达到"劫持"系统的效果。在此次攻击事件中，"黑暗面组织"勒索软件仅用 2 小时就从科洛尼尔公司网络中窃取近 100 吉字节的数据。

（三）"黑暗面组织"基本情况

从目前已经知情来看，"黑暗面组织"勒索软件并不具有政治性，没有国家背景，主要目标是获取经济利益。它是一支新兴的勒索即服务（RaaS）犯罪团伙，以俄语为主要用语。自 2020 年年中以来，"黑暗面组织"一直保持活跃。据最新统计，2020 年"黑暗面组织"的攻击数量位列前十。该组织开发了用于加密和窃取公司数据的勒索软件，然后提供给其分支机构，并从分支机构获得成功攻击的赎金分成。

根据"黑暗面组织"团伙的历史攻击数据分析,"黑暗面组织"主要呈现几个鲜明特点。第一,目标针对性极强且定向。该团伙曾公开表示,只针对除医疗、政府、教育、非营利组织外的组织机构发起勒索攻击。第二,长期持续性"潜伏渗透"。为达到攻击目的,"黑暗面组织"会对目标进行长达数周乃至数月的技术分析工作,目标包括会计数据、执行数据、销售数据等核心价值数据。第三,勒索方式史无前例。除了加密数据外,为了确保成功勒索用户缴纳赎金,在进行加密前攻击者会在目标环境中进行渗透并安装后门程序以窃取重要的数据信息,当勒索目标拒绝缴纳赎金时,会将数据公开、释放负面安全事件消息等。

二、分析研判

(一)关键基础设施面临日益严峻的网络安全威胁

此次攻击暴露出美国关键基础设施行业的网络脆弱性。近年来针对基础设施的网络攻击呈现愈演愈烈之势。美国坦普尔大学发起的"关键基础设施勒索软件攻击"数据库项目结果显示,2019—2020年针对关键基础设施的网络勒索大幅增长,占过去7年多此类案件报告总数的一半以上,其中金融、交通、能源三大关键基础设施成为网络攻击重灾区。2010年,伊朗核设施遭"震网"病毒攻击,成功损毁其1000余台离心机,对伊朗核计划进程造成沉重打击;2015年12月,乌克兰至少有3个区域的电力系统遭到网络攻击,导致8万用户断电,引发巨大社会恐慌;2020年10月,印度孟买遭网络攻击大范围停电,直接导致铁路、医疗设施及大部分关键基础设施瘫痪。关键基础设施事关经济发展、社会稳定和人民生命财产安全,一旦受到攻击,可能导致交通中断、金融紊乱、电力瘫痪等,具有很大的破坏性和杀伤力。

（二）勒索软件网络攻击已成为网络安全严重威胁

从 20 世纪 90 年代开始，勒索病毒就已经随着互联网的发展在悄无声息地萌芽。2017 年 5 月 12 日晚，全球爆发了大规模的勒索病毒"想哭"，150 多个国家 10 万余台计算机被感染，给全球许多实体经济带来巨大损失。近年来勒索软件攻击变本加厉，已成为网络安全最大威胁。美国 IBM 公司网络安全威胁情报指数显示，在其 2020 年调查的所有网络安全事件中，有 23% 可以归因于勒索软件，高于 2019 年的 20%。总部位于纽约的区块链情报分析公司 Chainalysis 发布的报告称，2020 年前全球已知勒索软件利润近 3.7 亿美元，比 2019 年的利润增长 336%。从近年的勒索攻击事件看，勒索团伙的攻击形式已从过去蠕虫式传播及广撒网式的攻击逐渐向定向化、高效化的攻击发展，黑客们偏向于利用渗透攻击的手段进入重要实体的内部网络植入勒索病毒；这种以勒索目标价值为导向的高度定向攻击已经和高级持续威胁（APT）攻击无异，APT 的攻击手段皆有可能成为勒索病毒入侵的入口。

（三）专业化高级黑客组织是网络安全的主要挑战

当前各类黑客组织网络攻击活动频繁，从技战术上看日益专业化。这些黑客组织有些来自传统的黑灰产业，以勒索软件、钓鱼邮件、挖矿攻击等方式获取经济利益；还有相当数量的黑客攻击行动源自有国家/民族背景的 APT 组织，这些攻击行动的手段高明、技术更复杂，有强大的财政支持，攻击行动持续周期长，造成的危害和损失更加严重。有国家/民族背景的 APT 组织通常并不以获取短期经济利益为主要目的，为自身国家的政治、经济、科技和军事利益服务。随着国际局势渐趋复杂，地缘政治经济与大国博弈态势将进一步映射到网络空间，APT 组织攻击规模和烈度逐年递增，成为影响网络安全的主要行为体。

三、几点启示

近几年，随着关键基础设施的数字化程度不断提高，针对关键基础设施的威胁不断增加。关键基础设施关系着国计民生，是经济社会运行的神经中枢，是网络安全的重中之重。随着经济社会对网络的依赖程度不断加深，关键信息基础设施安全防护更加紧迫。一旦关键基础设施受到网络攻击陷入瘫痪，引起的连锁反应甚至会对一个国家造成巨大损失。

（一）加强应对基础设施网络安全的战略统筹

面对数字化时代严峻的网络安全形势，尤其是在此次勒索软件攻击事件前后，美国政府已经在逐步采取一系列措施，颁布法案或者行政命令，为维护关键信息基础设施的网络安全提供制度保障。首先，要完善关键信息基础设施保护制度体系，尽快制定出台关键信息基础设施保护相关法律法规，明确相关主体法律责任；其次，要求网络安全企业在提供服务时，应秉持"建设＋运维"两手都要抓的思维，提供网络安全保障最关键的安全运维环节服务，全面提供网络安全运维服务保障的业务模式；最后，鼓励加强合作，建立面向整体保障的网络安全产业联盟，通过产业联盟，聚集产业优势资源和力量，博采众长，以武器装备协同攻关模式持续提升技术、产品与服务水平。

（二）以整体防护的思路防范勒索软件攻击

此次网络攻击由"黑暗面组织"勒索软件团伙发起，据该组织称，其勒索软件配备了市场上最快的加密速度，并且包括 Windows 和 Linux 版本。当前，勒索软件迭代进化加速，攻击手段会更加复杂多样，攻击范围也将不断扩大并且更加难以防范。面对愈加强大的定向勒索攻击者，对网络安全防御需要提升整体的防护水平，要以面对 APT 组织攻击的策略进行防御体系建设，才能够抵御目前网络攻击技术水平愈加高强的定向针对性勒索软件攻击。要实现整体安全，必须加强技术升级换代，聚焦核心技术突破，在基础性技术、前沿性技术、颠覆性技术投入研发方面花大力气，尽早实现关键信息基础设施网络安全装备自主创新。

（三）持续开展关键基础设施网络安全演练

此次网络攻击事件，表明即使技术最强的美国，其最大的输油管公司的网络依然存在着漏洞，可想而知，其他国家的网络的漏洞是否会更多？如今世界已经进入了物联网时代，随着 5G 网络的建设，万物均将互联，因此网络安全就显得越来越重要。网络安全演练是检验、锻炼和提高关键信息基础设施防护能力的重要手段。所以，建议关键信息基础设施管理运营单位将开展常态化网络安全演练纳入管理制度和考核指标中。针对关键信息基础设施防护，引入现实社会因素，设置训练题目和训练流程，尽可能真实地模拟现实复杂情况，在演练中发现问题解决问题，不断提高网络安全防护水平。

（中国电子科技集团第三十研究所　龚汉卿）

美国《国防部零信任参考架构》解读

  2021 年 5 月 13 日，美国国防信息系统局在其官网上公开发布了《国防部零信任参考架构（DoD ZT RA）》1.0 版（以下简称架构）。该参考体系结构由国防信息系统局和国家安全局零信任联合工程小组编写，在 2021 年 2 月就发布了，但直到 5 月才将其公开。该架构的形成经过了较长时间的酝酿：2020 年 9 月 30 日，初始零信任 0.9 版提交给国防信息系统局、国家安全局、国防部首席信息官和美国网络司令部审查；2020 年 11 月 4 日，零信任 0.9 版提交给企业架构工程小组进行反馈；2020 年 12 月 4 日，零信任联合工程团队收到反馈并开始裁决；2020 年 12 月 24 日，零信任 0.95 版被提交给企业架构工程小组用于公函及任务管理系统（CATMS）；2021 年 1 月 4 日，CATMS 开始评估；2021 年 2 月 11 日，数字现代化基础设施执行委员会批准零信任 1.0 版。国防部始终秉持严谨、慎重的态度，在反复测试、调整零信任核心能力之后形成该架构。

一、背景分析

  美国《国防部零信任参考架构》的出台跟业界的技术与产品研发现状、

国防部自身的转型需求以及联邦政府的大力推动等背景密切相关。

（一）零信任已成为业界的一种标志性网络安全解决方案

根据美国国家标准与技术研究院（NIST）的定义，零信任（ZT）提供了一系列概念和思想，旨在面向被视为遭受入侵网络时，在信息系统和服务中执行准确、最低特权的请求访问决策，从而将不确定性降至最低。零信任是一种专注于资源保护的网络安全范式，其前提是永远不会授予绝对信任，而必须不断对其进行评估。零信任架构（ZTA）是企业的网络安全计划，它利用零信任概念，并包含组件关系、工作流程规划和访问策略。零信任架构是一种用于企业资源和数据安全的端到端方法，其中包括身份（个人和非个人实体）、凭证、访问管理、运营、终端、托管环境和互联基础设施。

当前，企业的基础设施变得日益复杂，这种复杂性已经超越了传统的基于边界的网络安全方法，从而导致零信任网络安全新模型的开发。商业机构必须迅速采用"永不信任、始终验证"的零信任心态，以减轻漏洞的传播，限制访问并防止横向移动。零信任范式将防御从静态的、基于网络边界转向关注用户、资产和资源。而零信任架构使用零信任原则来规划工业和企业基础设施以及工作流程。以虚拟专用网络（VPN）接入为主的现有边界安全产品在端口开放、多维认证、细粒度权限、自身安全防护方面均存在不足，难以应对安全挑战。

据全球权威咨询机构 Forrester 在 2021 年 5 月最新发布的报告称，企业为寻求更安全的解决方案，零信任网络访问已成为标志性的安全技术，众多安全厂商推出了相关的零信任解决方案和产品。

（二）零信任架构是美国国防部网络安全架构的必然演进方向

在早期网络终端和用户数量有限的情况下，美国国防部专注于网络

"边界"安全，采用终端保护、威胁检测和响应等措施保护广泛网络。但是随着网络的扩展和大量终端的加入，以及攻击者继续寻求新的方法来突破边界安全，如通过社交工程攻击操纵用户以泄露其凭证，导致对具有复杂检查规范的防火墙的数量需求增加，在导致成本增加的同时效果却呈递减态势。随着美军用户和终端的数量的不断增加，美军网络被攻击面不断增加，其网络安全防御面临极限挑战。美国国防部迫切需要将现有基于"边界"的网络安全方式转变为"零信任"方式，通过为网络内的特定应用程序和服务创建离散且精细的访问规则，从而显著抵消国防部网络中的漏洞和威胁。

近年来，美军加速对"以网络为中心"向"以数据为中心"的网络安全模式的转变，从网络边界防护转变为数据安全防护。2019 年 7 月 9 日，美国国防部创新委员会（DIB）通过了《通往零信任安全之路》白皮书，敦促美军方尽快实施零信任架构。2019 年 10 月 24 日，美国国防部创新委员会又发布《零信任架构建议》报告，建议国防部应将零信任实施列为最高优先事项。国防部创新委员会称，国防部安全架构的现状是不可持续的，国防部应将实施零信任列为最高优先事项，同时明确分配实施和管理责任，在整个国防部内迅速采取行动。可见，国防创新委员会认为零信任架构是美国国防部网络安全架构的必然演进方向。

（三）零信任安全是美国国防部数字现代化战略的具体目标之一

美国国防部很早就关注了零信任，但直到 2019 年 7 月才开始对零信任方法进行实施，将其作为具体目标被纳入《国防部数字现代化战略》。该战略将"零信任安全"作为美军未来有望提高效率和安全性的代表性架构技术之一，明确列入其数字现代化战略目标中。战略明确提出了与零信任相关的四大重点领域：云部署是实施零信任概念的绝佳选择；安全自动化和协调是成功部署和管理零信任合规基础设施的关键功能；加密现代化将确保数据保护水平符合国家安全系统委员会（CNSS）政策；分析能力需要扩展以处理与零信任安全相关的传感器和日志记录数据。

（四）零信任网络试点工作指导了美国国防部的实施路线方向

2020 年，美国国防部进行了几个零信任网络试点项目，并从这些项目以及远程工作相关数据中吸取了经验教训，从而确定了零信任网络的前进道路。其中，国防信息系统局、国家安全局和网络司令部联合启动了一项针对"零信任"技术的试点项目，并总结试点项目已取得的成果，探讨如何将零信任技术融入美国国防部体系中。2021 年 2 月 25 日，美国国家安全局发布《拥抱零信任安全模型》指南，建议将零信任架构规划成从初始准备阶段到基本、中级、高级阶段这样一个逐步成熟的过程，逐渐增强其可见性和自动化响应，使防御者能够跟上威胁的步伐，同时将零信任功能作为战略计划的一部分进行逐步整合，从而降低每一步的风险。新架构将在利用现有功能的同时，整合新的原则、分析、策略、设备和自动化方案。该架构不会取代现有的系统、工具或技术，而是以更为全面的方式来集成、扩充和优化现有功能，发展企业架构。

（五）新一届联邦政府大力推动各机构实施零信任

以拜登为总统的美国新一届政府在上台不久即面临了比以往任何时候都大的网络安全挑战：2020 年 12 月的 SolarWinds 供应链攻击事件、2021 年 4 月的微软 Exchange 漏洞以及 2021 年 5 月的科洛尼尔输油管道事件等，这些网络安全事件的发生使美国政府意识到来自网络的复杂恶意活动，也暴露出联邦政府机构在保护、响应以及防御安全入侵的能力上仍然存在薄弱环节，其中公私部门更容易受到相关事件的影响。为此，在 2021 年 5 月 12 日拜登发布行政命令以加强国家网络安全，明确指示联邦政府各机构实施零信任方法，实现联邦政府网络安全现代化。要求在命令签署之后的 60 天内，相关机构要制定实施零信任架构的计划，该计划应酌情考虑 NIST 在标准和指南中概述的迁移步骤，并说明已完成的任何步骤，确定会对网络安全产生最直接影响的那些活动，并包括实施这些活动的时间表。

二、主要内容

《国防部零信任参考架构》公开的非密版文件一共 163 页，内容相当丰富，概括起来主要有以下内容。

（一）明确战略目的

该参考架构首先明确指出国防部下一代网络安全架构将以数据为中心，并基于零信任原则。该架构侧重于以数据为中心的设计，同时保持跨业务的松散耦合，以最大限度地提高互操作性。它特别强调零信任是一种网络安全战略和框架，将安全嵌入整个架构，以防止恶意角色访问美国国防部最重要的资产。同时指出零信任模型的基本原则是在安全边界之外或之内运行的任何参与者、系统、网络或服务都不可信。国防部采用零信任希望实现的长远目标包括：①使信息企业现代化，以解决机构之间的孤岛与隔阂问题；②简化安全体系架构；③制定统一策略；④优化数据管理操作；⑤提供动态认证和授权。

（二）提出五大原则、七大支柱

架构提出了零信任的五大主要原则：①假设环境敌对；②假设失陷；③永不信任，始终验证；④显式验证；⑤应用统一分析。同时，它开发了支柱和能力模型，支柱是指实施零信任控制的关键重点领域；能力是指通过组合方式和方法来执行一系列活动，从而在特定标准和条件下实现预期效果的能力。该架构的七大支柱：①用户；②设备；③网络/环境；④应用程序和工作负载；⑤数据；⑥可见性和分析；⑦自动化和流程编排。在每个支柱下面都有对应的能力，这种分层方法允许灵活实施零信任控制。该支柱与功能实现了数据的最大可见性和保护，是零信任实施的重点。

（三）列出适用的标准

该架构用较大的篇幅详细列出了适用于每个零信任支柱解决方案的标准。列出包括技术标准（TECH），相关法律、法规或政策（LRP）以及战术、技术和程序（TTP）共计 63 个标准规范清单，其中技术标准占据绝大多数。不仅如此，架构还详细说明了与七大零信任支柱功能相对应的具体技术相关标准、操作标准或业务标准和惯例的应用现状，并注明了标准是属于"新兴""强制""退役"还是"积极"状态。

（四）开发能力视图和操作活动模型

该架构最大的看点和贡献就是在第 4 部分内容，它开发了相关能力的视图结构，描述了各种规划的能力之间的依赖关系，同时还从逻辑上对各项能力进行了分类。架构描述了各项能力与支持这些能力的操作活动之间的映射关系、各项功能与支持这些功能的业务之间的映射关系，从而确保业务与所需功能相匹；描述了操作资源流。它开发的操作活动模型描述了在实现任务或目标的过程中进行的通用操作，并详细描述了简化认证请求、设备合规性、用户分析、数据权限管理（DRM）、宏观分段、微观分段、特权访问、应用程序交付等内容。

三、特点分析

美国国防部出台的《国防部零信任参考架构》在权威性、继承性和可操作性方面都具有鲜明特点。

（一）该架构在美国国防部零信任架构的实施上具有相当的权威性

该架构由美军权威部门牵头制定，内容涵盖战略目的与原则、相关技术标准、法律法规或政策、战术技术和程序、各项能力、业务、操作活动以及它们之间的各种映射关系，并对该参考体系结构中使用的与解决方案体系结构相关的缩略语、术语和架构元素提供了统一的定义，包括各项实施策略、国防部相关业务、七大支柱及对应能力等。其严格遵循《国防部网络战略》《国防部数字现代化战略》《国防部数据战略》以及《国防部人工智能战略》的愿景，与 NIST SP 800 – 207《零信任架构》《国防部信息企业架构（IEA）》《网络安全参考架构（CSRA）》以及《身份、证书和访问管理参考设计（ICAM RD）》等保持一致性，可指导和约束多种架构和解决方案的实例化。该架构内容全面清晰，并且将随着需求、技术和最佳实践的发展和成熟而发展，将不断融入行业最佳实践、工具和方法。

（二）该架构是对其他相关架构体系的一种继承和发展

该架构与其他相关架构体系既密切相关又各有侧重。这些架构体系主要包括国防部发布的《网络安全参考体系架构（CSRA）》和《身份、证书和访问管理参考设计（ICAM RD》），以及 NIST 发布的特别出版物 800 – 207《零信任架构》。

CSRA 描述了成功运行和防御国防部信息网络（DoDIN）所需的能力、服务、活动、原则、功能和技术基础设施，并为其实现提供了一个架构参考框架，但是目前没有包含零信任。因此，该架构将作为《国防部 CSRA 零信任补遗》的权威参考，它主要围绕身份、自动化和数据安全等方面阐述关键安全事项，而 CSRA 将阐述更高级的安全和工程概念。

国防部发布的《身份、证书和访问管理参考设计（ICAM RD）》是从能力角度提供 ICAM 的高级描述，包括根据《国防部数字现代化战略》的 ICAM 转型目标，但它没有强制特定的技术、流程或程序。而《国防部零信任参考架构》利用来自 ICAM RD 的概念和词汇，提供了一种统一的方法来实施零信任架构。该架构没有包括对 ICAM 使用案例的详尽参考，但它认可其中对零信任的关键概念。ICAM RD 参考资料包含在整个架构中，但是更深入的 ICAM 特定用例仅在 ICAM RD 可用。

NIST 特别出版物 800 - 207《零信任架构》包含零信任架构的抽象定义，并提供了零信任可以改善企业整体信息技术安全状况的一般部署模型和使用案例。该架构利用了 NIST 标准中的概念和词汇，提供了一种统一的方法来实施零信任架构。NIST SP 800 - 207 的参考资料包含在整个该架构中。

（三）该架构为国防部各机构的零信任解决方案提供了高度的可操作性

该架构不仅为整个国防部的任务所有者提供了一个最终愿景和框架，它还希望向 DoDIN 上的所有机构推出一套可使用的企业零信任功能，每个功能都由可测量、可重复、可支持和可扩展的标准、设备和流程组成，并在 DoDIN 上进行联合。该架构既开发了愿景和高层目标，又开发了能力分类法以及顶层可操作概念等，其要求企业根据用户的风险，利用微细分来确定是否授予用户、机器或应用程序访问企业的一部分权限，要求利用多因素身份验证、ICAM、编排、分析、评分和文件系统权限等技术来实现零信任；该架构还展示了国防部零信任架构的整体运行流程，将国防部零信任实现划分了基线、中级、高级 3 个阶段。该架构对于零信任的工程化落地具有现实指导意义。

四、几点认识

国防部初始零信任架构的落地，代表着美国国防部网络架构的全面转变。

（一） 美军方和政府对零信任架构的推行已达成全面共识

这份国防部初始零信任架构以及国家安全局于 2021 年 2 月发布的《拥抱零信任安全模型》，再结合 2021 年 5 月 12 日拜登发布的加强国家网络安全行政命令可以看出，美国军方和政府在推行零信任架构这一点上已达成多方共识，美军正在按计划、有条不紊地实现 2021 年全面推行零信任架构这一国防部的重要目标。未来还需要密切关注美军网络在实施零信任架构上的具体措施、典型应用等问题。

（二） 美军推动零信任的一大前提是持续并强制使用通信加密

从该架构内容可以看到，美国国防部推动零信任的一大前提是最大限度地持续并强制使用通信加密，从而最大程度地保护机密性和完整性，并提供源认证。这是国防部零信任投资的规划、风险评估和论证的核心前提之一。

（三） 美军将探索涉密网和非密网统一的零信任架构

尽管在这份初始零信任架构上没有涉及这个问题，但是在国家安全局指南中以及之前国防创新委员会的建议中，都可以看出美军对零信任架构安全性和先进性极其认可，未来将探索涉密网（SIPRNet）和非密网（NIPRNet）统一零信任架构，依靠零信任原则来保护访问，并将用户许可级别作为访问的核心属性。未来美军如何基于零信任实现两网融合，值得密切跟踪。

（四）美军零信任架构的实施仍面临众多技术层面的挑战

当然，这份国防部初始零信任架构还有众多实施层面的潜在技术挑战没有具体涉及。例如，在新的零信任环境下，如何重新搭建一个高性能、可横向扩展的权限引擎，处理更复杂、更细粒度的访问策略，包括国防部统一的身份管理目录、密钥管理系统（KMS）（或公钥基础设施 PKI）、风险评估、安全信息及事件管理（SIEM）与日志审计等环节都必须利用更成熟的技术、更先进的科技、更安全的算法，突破旧的安全瓶颈，才能将国防部网络的安全水平提升到全新的级别。为了应对实施零信任解决方案的潜在挑战，美军未来还将发布额外的指南，值得进一步关注。

（五）加速推进美军向零信任网络安全转型

该架构为国防部大规模采用零信任设定了战略目的、原则、相关标准和其他技术细节，旨在增强美国国防部的网络安全并保持美军在数字战场上的信息优势。目前，美国国防部已将零信任视作提升美国军事网络整体安全性，以及推进"联合全域指挥与控制"（JADC2）概念发展的关键技术实现手段。在过去 2 年里，美国国防部推出了几个测试零信任概念的试点项目，这份国防部初始零信任架构指南的出台必将加速推进美军向零信任网络安全转型。

（中国电子科技集团第三十研究所　陈倩）

《关于加强国家网络安全的行政命令》解读

2021 年 5 月 12 日，美国总统拜登签署《关于加强国家网络安全的行政命令》（以下简称《行政命令》），旨在采用大胆举措提升美国政府网络安全现代化、软件供应链安全、事件检测和响应以及对威胁的整体抵御能力。该《行政命令》承认美国需要彻底改变其处理网络安全和保护国家基础设施的方式，对网络事件的预防、检测、评估和补救是国家和经济安全的首要任务和必要条件，也是拜登政府网络安全政策的当前核心。同时明确指出联邦政府必须以身作则，所有联邦信息系统应达到或超过该命令规定和发布的网络安全标准与要求。

一、发布背景

该《行政命令》的出台是美国政府对近期发生的 SolarWinds 供应链攻击、微软 Exchange 漏洞攻击，以及科洛尼尔输油管道等一连串备受瞩目的重大网络安全事件的响应，这些事件使美国震惊地发现，其公共和私营部门实体越来越多地面临来自国家行为者和网络犯罪的持续且日益复杂的恶意网络攻击。这些事件也充分暴露了美国网络安全防御能力的严重不足。在签署该《行政命令》之前，拜登政府以及国会已拨款 10 亿美元，用于改善联邦政府的 IT 基础架构并使其现代化。该《行政命令》充分体现了拜登政府试图采取关键步骤来解决美国在上述事件中所暴露出的安全问题的决心，明确指出需要做出大胆改变并进行大量投资，为联邦政府提出一系列全面行动，以改善并捍卫支撑美国重要机构以及国家网络的网络安全性。

二、主要内容

该《行政命令》是美国政府为实现国家网络防御现代化而采取的众多雄心勃勃措施中的第一步。长达 34 页的《行政命令》涵盖了许多网络安全问题，其重点内容主要包括如下 7 个方面。

（一）消除共享威胁信息的障碍

《行政命令》要求消除政府和私营部门之间共享威胁信息的障碍。《行政命令》确保信息技术服务提供商能够与政府共享信息，并要求他们共享某些违规信息。信息技术提供商通常会犹豫不决，或者无法主动分享受损信息。有时这可能是由于合同义务；在其他情况下，提供商可能只是不愿意分享他们自己的安全漏洞信息。消除任何合同障碍，要求提供商共享可能影响政府网络的违规信息，对于联邦部门实现更有效的防御以及提高整个国家的网络安全是必要的。

（二）联邦政府网络安全现代化

为适应当今动态和日益复杂的网络威胁环境，联邦政府必须采取果断措施，使其网络安全方法现代化，包括提高联邦政府对威胁的可视性，同时保护隐私和公民自由。为此，要求在联邦政府中更新和实施更强的网络安全标准。该《行政命令》有助于推动联邦政府保护云服务和零信任架构，并要求在特定时间段内部署多因素身份验证和加密。过时的安全模型与未加密的数据导致公共和私营部门的系统遭到破坏。联邦政府必须走在前面，并提高其对安全最佳实践的采用，包括采用零信任安全模型，加快向安全云服务的转移，并始终如一地部署多因素身份验证和加密等基础安全工具。

（三）提高软件供应链的安全性

当前商业软件的开发缺乏透明性，不关注抵抗攻击的能力，以及防止恶意行为者篡改的能力。因此，迫切需要实施更加严格的机制，以确保产品的安全运行。"关键软件"的安全性和完整性是一个特别需要关注的问题。"关键软件"是指执行关键功能的软件。因此，联邦政府必须要采取行动，迅速提高软件供应链的安全性和完整性，并优先解决关键软件问题。该《行政命令》将为出售给政府的软件开发建立基线安全标准来提高软件的安全性，包括要求开发人员保持对其软件的更大可见性，并公开安全数据，且建立了一个并行的公私合作过程来开发新的和创新的方法来保护软件开发，并利用联邦政府的购买力来推动市场从头开始将安全性构建到所有软件中。

（四）建立网络安全审查委员会

该《行政命令》设立了一个由政府和私营部门领导共同主持的网络安全审查委员会，该委员会负责审查和评估影响联邦信息系统或非联邦系统的重大网络事件、威胁活动、漏洞、修复活动和机构响应。委员会成员包括联邦官员和私营企业的代表，具体包括国防部、司法部、基础设施安全局（CISA）、国家安全局（NSA）和联邦调查局（FBI）的代表，以及国土安全部长确定的适当私营网络安全或软件供应商的代表。当审查中的事件涉及国土安全部部长确定的联邦文职行政部门（FCEB）信息系统时，OMB

代表也应参加委员会活动。国土安全部部长可根据审查事件的性质和具体情况邀请其他人参与。

（五）使《联邦政府应对网络安全漏洞和事件的行动手册》标准化

该《行政命令》为联邦部门和机构的网络事件响应创建了标准行动手册。最近的事件表明，用于识别、补救和恢复网络安全漏洞和事件响应程序因机构而异，阻碍了牵头机构更全面地分析各机构的漏洞和事件的能力。该行动手册将确保所有联邦机构达到一定的门槛，并准备采取统一的步骤来识别和减轻威胁。标准化响应过程确保了网络安全漏洞和事件应急响应更协调和集中化记录，可以帮助机构进行更加成功的应急响应。该标准行动手册应包含所有对应的美国国家标准与技术研究院（NIST）标准；可以被所有 FCEB 使用；在事件响应的所有阶段阐明进度和完成情况，同时允许一定的灵活性，以便用于支持各类应急响应活动。

（六）加强联邦政府网络中网络安全漏洞的检测能力

联邦政府应动用一切适当资源和权力，最大限度地及早发现其网络中的网络安全漏洞和事件。FCEB 应部署端点检测和响应（EDR）计划，以支持在联邦政府基础设施内的网络安全事件主动检测、主动网络扫描、遏制和修复以及事件响应。联邦政府应在网络安全方面发挥领导作用，而强大的政府范围端点检测和响应部署以及强大的政府内部信息共享至关重要。

（七）提高联邦政府的调查和补救能力

该《行政命令》认为联邦信息系统的网络和系统日志信息对调查和补救而言都是无价的。各机构及其 IT 服务提供商必须收集和维护此类数据，并在处理 FCEB 信息系统上的网络事件时，根据适用法律，要求通过 CISA 向国土安全部（DHS）和 FBI 提供这些数据。

三、几点思考

（一）零信任是当务之急，未来将成为美国政府新的网络架构

该《行政命令》要求联邦机构创建"零信任"环境，要求政府部门向云技术的迁移应在可行的情况下采用零信任架构。零信任架构已成为美国国防部寻求的更先进的网络安全架构，并将零信任视为网络安全的未来。紧随该行政命令，2021 年 5 月 28 日美国政府发布《2022 财年预算案》，要求拨款 6.15 亿美元用于与零信任网络安全架构相关的工作。

当前，零信任已成为美国政府及企业的焦点：①美国国防部首席信息官表示零信任作为一种网络安全和技术模型，代表了美国国防部思维方式的转变，是一个战略问题。为此，美国国防部 2021 年将推出零信任战略，并已开始进行零信任网络的几个试点项目，以及开始实施新的企业身份、凭证和访问管理（ICAM）工具以支持零信任。②美国国土安全部以迁移到"云优先"身份来实现零信任。③美国国防信息系统局（DISA）为国防部发布零信任参考架构，DISA 的 163 页参考架构列出了国防部大规模采用零信任的战略目的、原则、相关标准和其他技术细节，零信任从基于网络的防御转变为以数据为中心的模型，并且不授予隐含的信任用户以防止潜在的恶意行为者在网络中移动。④美国空军开发了跨部门零信任的成熟度模型，该模型将帮助整个空军的网络管理员和 IT 专业人员使其架构符合零信任。该模型突出了流程的关键要素，如确保正确的数据标记和访问管理。空军还在研究企业 ICAM 认证，以便能够更安全地识别用户。⑤NIST 推出特别出版物 800 - 207 零信任架构。⑥零信任产品在 2021 年 5 月 17 日召开的 RSA 大会上也成为业界关注的焦点，其中 IBM、微软、黑莓、One Identity、

CrowdStrike 等都展示了其零信任蓝图、方案及产品。种种举措和行动表明，零信任未来将成为美国政府新的网络架构。

（二）推出迄今为止为保护软件供应链安全而采取的最强劲措施

该《行政命令》明确提出要增强美国联邦政府的软件供应链安全，要求向美国联邦政府出售软件的任何企业，不仅要提供软件本身，还必须提供软件物料清单（SBOM），明确该软件的组成成分。要求所有联邦政府软件供应商都遵守有关网络安全的严格规则，否则有被列入黑名单的风险。最终，该总统命令计划创建一个"能源之星"标签，以便政府和公共购买者都可以快速轻松地查看软件是否遵循了安全开发规范。同时，要求 NIST 在 6 个月内发布软件供应链安全指南，并在 1 年内发布最终指南。

SolarWinds 供应链黑客攻击事件大大突破了当今美国顶级安全公司及政府机构所具有的防御能力，对美国供应链和关键基础设施安全防御体系富有极大的冲击性，充分暴露了美国网络防御能力建设的相对滞后乃至不足。因此，该行政命令彰显了美国致力于保护软件供应链安全的决心和强劲措施，并且首次引入"关键软件"概念，侧重于网络安全影响，主要是与系统特权或直接访问网络、计算机资源相关的软件，将供应链安全问题深化和细化，关切点正在聚焦到特定 IT 产品和服务。

（三）《行政命令》的具体政策如何落地成为美网络安全行业讨论的焦点

近期美国各大主要媒体均刊登了美国网络安全业内专家对《行政命令》的一些看法。总体上持欢迎态度，但对具体政策的落地效果持保留意见。美国参议院情报委员会主席认为："这项行政命令是迈出良好的第一步，但行政命令只能走得那么远。"信息技术产业委员会主席兼首席执行官说："我们赞赏在此行政命令中对公私合作的关注，以及为使联邦信息系统，网络和供应链现代化和简化而采取的有意义的步骤。"Tenable 公司 CEO 认为：

"虽然很高兴看到网络安全在拜登总统的政策倡议中发挥了突出的作用，但现在必须把注意力集中在该行政命令的可操作性上。"埃森哲安全事业部高级董事总经理认为："有了这一行政命令，政府和企业可以针对出现的威胁做出更快、更明智的决策。明天，艰苦的工作就开始了。"BlueVoyant全球专业服务负责人认为："尽管该命令突出了我们国家安全中的许多弱点，但它实在是太冗长了，而且提出的行动通常是无法实现的。例如，情报信息共享已经讨论了多年，但我们还没有看到一个真正可行的计划产生结果。投资的回报率是多少？"

大部分专家认为《行政命令》的范围很广，而且美国政府制定的时间表也很激进，下一步如何实施、贯彻以及执行将是绝对关键。美国政府必须改善与行业合作的方式，各机构还需检查其是否有足够财力和人力来执行该行政命令的任务，同时代理商可能需要根据该《行政命令》制定新的法规，私营科技公司还必须做出重大改变以满足联邦政府的要求等，这些还需要白宫进一步采取行动，根据行政命令制定新的立法。

（中国电子科技集团第三十研究所　张晓玉）

美军"基于云的互联网隔离"网络安全能力简析

2021 年以来，美国国防信息系统局（DISA）一直致力于推进"基于云的互联网隔离"（cloud - based internet isolate，CBII）技术项目，该项目将结合行业领先的技术与快速采办策略，保护国防部网络免受基于 Web 浏览器的威胁，提高办公安全性。

一、项目启动背景

随着新冠疫情的蔓延，美国国防部大量员工被迫远程办公，这为对手提供了更多的网络攻击机会，使美军面临严峻的网络安全挑战。为应对这种威胁，DISA 明确将远程安全办公能力视为 2021 年首要任务，并通过技术开发和管理等多方面措施，提高美国国防部网络安全。

随着基于云的各种技术在国防领域的应用越来越广泛，基于浏览器攻击美国国防部网络的变化和复杂性也在持续上升。DISA 相关开发和业务中心的技术总监曾指出，大约 30% 到 70% 的网络攻击来自浏览器。对此，DISA 积极推进开发网络安全解决方案。DISA 在 2020 年 11 月发布的修订版

《2019—2022 财年战略计划》（第 2 版）中，概述了 DISA 的愿景是在网络空间中连接和保护作战人员，并提出了"2021—2022 年技术路线图"。该路线图明确了三个重点技术领域及工作任务，包括：网络防御领域，主要工作有边界防御、区域防御、端点安全等；云领域，主要工作有云访问和安全、云基础设施、CBII；国防企业办公解决方案（DEOS）领域，主要工作是国防部协作能力的整合。由此可见，DISA 将在 2021—2022 财年积极推进大力 CBII 技术发展。

二、CBII 核心技术能力

CBII 是一种工具，主要可实现以下三大主要功能：

（一）将互联网浏览从端点移至基于云的环境

CBII 旨在在国防部网络和 Web 浏览之间加入隔离区，将 Web 浏览活动从终端用户的桌面定向到国防部信息网络（DoDIN）以外的、基于云的远程服务器，从而有效地在互联网和国防部信息网络之间造成了空隙。

（二）大幅降低网络风险和攻击面

当入侵者试图利用 Web 浏览发起网络进攻时，CBII 能使潜在的恶意代码等不触及国防部信息网络，而是被隔离在云数据中心进行检测，恶意代码会在云中引爆，而不是在政府计算机上引爆，因而极大缓解了国防部信息网络的受攻击面。

（三）缓解互联网接入点的拥塞

与通常的 Web 浏览相比，CBII 技术可减轻国防部因特网接入点的负荷，到达用户终端的网络数据流量可减少约 25%，对于视频流等带宽消耗型服务甚至可减少 40%。同时，CBII 还减轻了虚拟专用（VPN）网络的负荷，使 VPN 的峰值负荷从 94% 降低到了约 50%。即使数据流量有所减少，CBII 用户体验仍保持与直接访问浏览体验相同的质量，同时可释放带宽用于其他任务必不可少的流量。DISA 在评估 CBII 的效果时，"网络带宽节约情况"和"网络安全威胁拦截数量"是两个重要指标。

三、CBII 技术要求与部署情况

（一）技术要求

DISA 在发布的 CBII 技术解决方案信息征询书中，提出了以下主要具体能力和功能需求。

（1）在必要时可部署在多个地理位置，包括华纳罗宾斯（佐治亚州）、哥伦布（俄亥俄州）、圣安东尼奥（得克萨斯州）、北岛（加利福尼亚州）、五角大楼（华盛顿特区）、汉普顿路（弗吉尼亚州）、横田（日本）、拉姆施坦因（德国）、斯图加特（德国）和希凯姆（夏威夷）。

（2）兼容联邦信息处理标准（FIPS）140-2 加密模块，支持国防部公钥基础设施（PKI）认证，兼容国防部批准的所有浏览器，并使用国防部提供的用户配置文件的目录服务。供应商可提供主机和构建"软件即服务"（SaaS），并负责系统设置、服务器维护、中间件和操作系统支持以及托管/维护等。

（3）能将用户互联网活动的全部或可配置部分发送至 DoDIN 以外的、基于云的远程服务器。

（4）确保安全存储和传输数据，确保数据的机密性、完整性、可用性及来源真实性。

（5）在主机处部署内容控制软件。

（6）可记录所有的 Web 请求，可将 Web 请求与特定用户绑定（从身份验证至会话结束）。

（7）可允许不同群组为每个客户端设置网络使用阈值，并在达到带宽阈值时，向指定的电子邮件地址自动发送电子邮件。

（8）支持浏览器活动的不可否认性（不可否认性是指，在网络环境中，信息交换的双方不能否认其在交换过程中发送信息或接收信息的行为）。

（9）支持使用安全套接字层（SSL）3.0 和传输层安全性（TLS）1.0～1.3 的网站连接。

（10）支持更高性能要求，例如从打开客户端到开始建立浏览会话的时间不超过 5 秒、可靠性达到 99% 等。

（二）部署情况

CBII 技术已经完成测试验证，正在美国国防部内部进行推广部署，DISA 计划在 2021 财年将 CBII 技术覆盖至整个国防部，并将其应用于电子邮件和附件。

在 2021—2022 年期间，DISA 计划 CBII 项目的用户数量从其最初的 10 万户扩展至 350 万户。

目前，CBII 技术已在商业市场中应用，一些美国公司推出了相关产品。其中，比较具有代表性的产品是 Menlo 安全公司的"自适应性无客户端渲染技术"（ACR），它是一项无须端点的内容绘制技术，只需要符合 HTML5 标准的浏览器程式，无论各种装置、各种作业系统、各种浏览器品牌都可以正确地浏览被隔离的资料。ACR 技术可以在即使网页有被植入恶意程式，或者是含有背景挖矿程式的情况下，也无法感染使用者桌面的浏览器或计算机。2020 年 8 月，DISA 以 1.99 亿美元的价格将第一份其他交易授权（OTA）生产合同授予 By Light Professional IT Services，该公司作为该项目的主承包商，Menlo 安全公司将负责项目解决方案的交付工作。

四、几点思考

（一） 从管理上进一步规范美军队远程办公网络安全

新冠疫情的爆发，对全球各个领域均产生了深远影响。其中，远程办公需求激增，用户和市场规模呈爆发式增长。而远程办公突破了传统网络边界，带来巨大安全风险。对此，美国国防部出台了远程办公政策，以确保安全地开展工作。白宫管理和预算办公室发布了备忘录支持远程办公安全，美国国土安全部网络安全与基础设施安全局发布指导文件加强网络安全风险管理。这些机构从管理规范上为军队、联邦机构、关键基础设施运营商和相关企业等提出了远程办公安全操作建议和指南，其反应敏捷度和机构间的协同行动能力值得关注。

（二） 为后疫情时代大规模远程办公的网络安全提供技术基础

后疫情时代，远程办公网络安全问题已经从管理层面严格监管逐步进入到技术层面切实保障的阶段。2021 年以来，美军重点围绕远程办公网络安全关键技术解决方案，加快推进研究和部署节奏。除 CBII 技术，DISA 还正在探究与商业虚拟远程环境分离的"灰色网络"；研究加密的流量分析，以帮助更好地检测恶意软件；使用零信任安全解决方案，替代网络边界安全方法。

（三） 美国国防部通过采办创新来促进业界的技术创新

DISA 在 CBII 项目合同签署上首次采取 OTA 模式。OTA 是 DISA 的一种新型合同机制，旨在鼓励不满足政府采办规定要求（如与 DISA 合作时间低于 1 年或从未参与国防研究项目）的小公司能够参与国防项目，以便 DISA

获取最先进的商用技术。近年来，美军对于一些尚未被广泛采用的商业新兴及尖端技术，使用了创新的快速开发流程来获取，OTA 方式就是其中之一。OTA 合同模式可以让原型技术得到更大的创新和更快的发展。国防部正在通过越来越多地使用 OTA 来加大对创新的关注，从而影响业界的创新解决方案，帮助其更快实现目标。国防部已将 OTA 视为其武器系统发展战略的一个关键组成部分，这种机制为美国国防部采购创新产品及服务，特别是非传统防务承包商所提供的解决方案提供了必要的政策灵活性。

（中国电子科技集团第三十研究所　陈倩）

以色列"飞马"间谍软件攻击事件的综合分析

2021 年 7 月,以色列间谍软件"监听门"事件成为国际焦点。这款间谍软件以神话中的"飞马"(Pegasus)命名,由以色列网络武器公司 NSO Group 开发,可以"通过空中飞行"感染手机,它可以秘密安装在运行大多数版本的 iOS 和 Android 的手机(和其他设备)上。"飞马"攻击事件经媒体曝光后,国际舆论一片哗然,在国际社会引起轩然大波,影响巨大,被称为 2021 年度的一大标志性事件。

一、"飞马"重大攻击事件回溯

近年来,"飞马"间谍软件实施了一系列重大攻击。

(一)2016 年

2016 年 8 月,"飞马"软件对 iPhone 设备实施攻击。"飞马"利用 3 个当时未被发现的 iOS 系统"0day"漏洞,攻破了当时号称最安全的 iOS 系统而"一战成名"被众人知晓。谷歌公司最初于 2016 年底发现安卓版"飞马"的蛛丝马迹,当时整个 14 亿台安卓设备中只有少量被"飞马"

感染。与 iPhone 版本一样,安卓版"飞马"包含高度复杂和先进的功能,其可以通过短信息控制,并具有自毁能力。iPhone 版"飞马"检测到越狱后会自行删除,但安卓版的"飞马"在发现自己在特定时间内无法连接到命令与控制(C2)服务器时,或感觉自己会被检测到时,就会自行删除。

(二)2017 年

摩洛哥拉巴特穆罕默德五世大学的历史教授马蒂·蒙吉布被黑客入侵。此后,马蒂·蒙吉布又遭受了至少 4 次黑客攻击,每次攻击都比以前更先进。

(三)2018 年

2018 年 12 月,沙特政治家阿卜杜勒阿齐兹的律师将以色列国防部合同商、监控科技公司 NSO 集团告上法庭。在法庭文件中,阿卜杜勒阿齐兹声称,NSO 集团的"飞马"软件产品入侵了他的手机,监控他和卡舒吉的通信,违反国际法。

(四)2019 年

2019 年,即时通信软件 WhatsApp 发现"飞马"通过其软件通话功能漏洞获取了约 1400 部用户手机的信息,这些用户遍布四大洲,包括外交官、记者和政府高级官员。WhatsApp 母公司脸书正式在美国起诉 NSO 集团,称其利用"飞马"软件协助多个国家入侵用户手机。WhatsApp 对其进行起诉。

(五)2020 年

2020 年 7 月和 8 月,"飞马"间谍软件入侵半岛电视台记者、制片人、主播和高管等人的共 36 部个人手机。总部位于伦敦的 Al Araby 电视台的一名记者的私人电话也被黑客入侵。

（六）2021 年

2021 年 7 月 18 日，华盛顿邮报、卫报、世界报等全球 10 个国家的 17 家国际知名媒体机构与非政府组织"禁忌故事"，共同发表了一项调查报告，揭露"飞马"软件监控细节，从而引发国际社会的广泛关注。

二、"飞马"攻击事件的重大性分析

"飞马"间谍软件攻击事件无论是从监听范围，还是从监视对象的身份等多个方面来看，都是一起性质十分严重的信息窃听事件。

（一）监听对象涉及多国元首和政界要员

相关调查报告揭露了一个重大信息：多个国家元首和政界要员都受到了这款软件的监听，监听对象有至少 14 位政界的重量级人物，其中包括法国总统马克龙、伊拉克总统萨利赫、南非总统拉马福萨、巴基斯坦总理伊姆兰汗、埃及总理马德布利、摩洛哥首相奥斯曼尼、阿尔及利亚前总理努尔丁·贝杜伊、黎巴嫩总理萨阿德·哈里里等。此外，还有一大批各个国家的王室成员、政府官员、企业高管、著名人士、媒体记者等公众人物，包括中国在内的多国驻印度外交官。不难看出，监视活动的目标有着鲜明的政治指向性。

（二）监听范围多达 50 多个国家和地区

多伦多大学研究机构公民实验室开展一项长达两年的研究指出，"飞马"间谍软件可能在全球超 50 个国家和地区开展业务，它和超过 1000 个 IP 地址之间存在关联。据称，目前有超过 5 万个号码在"飞马"监视的列表中，有上千个电话号码的所有者身份已被确定。对泄露数据的分析和对该软件的取证调查显示，至少 11 个国家从该公司购买了监视软件，包括阿塞拜疆、巴林、匈牙利、印度、哈萨克斯坦、墨西哥、摩洛哥、卢旺达、沙特阿拉伯、多哥、阿拉伯联合酋长国。另据媒体最新披露，德国政府私下承认其购买"飞马"间谍软件，采购此间谍软件的是德国联邦刑事警察局用来进行特殊目的监控。

（三）攻击时间持续数年之久

根据计算机追踪取证研究报告显示，"飞马"间谍软件攻击从 2014 年开始，一直持续到 2021 年 7 月媒体曝光之时。它采用的攻击方式是不需要来自目标的任何交互的所谓"零点击"攻击。而且，自 2016 年以来，"飞马"间谍软件交付和收集数据的域名、服务器和基础设施已经发展了几次，不断重组了其基础结构、引入了额外的层，让攻击被发现变得更加困难和复杂。

（四）攻击能力超乎寻常

"飞马"间谍软件的攻击能力超乎寻常，它能够远程和秘密地从几乎任何移动设备中提取有价值的情报，可以在不需要点击的情况下侵入手机自动激活，提取包括照片、定位、密码、通话记录、联系人信息等手机上的数据，还能悄悄打开摄像头和传声器，实时监控机主的一切活动；监听时间则长短不一，短时甚至只有几秒。据悉，该软件可以躲避苹果和安卓系统的防御手段，几乎不会留下攻击的痕迹。任何常用的隐私保护措施，如强密码或加密，对它都没有作用。媒体使用了"军事级间谍程序""目前为止最危险的间谍软件之一""有史以来最强大的间谍软件""达到无所不能的地步"等措辞来形容这款软件的强大。

三、"飞马"软件的技术特点与能力分析

（一）技术特点

在应对当今高度动态的网络战场上的新通信拦截挑战时，相对于被动拦截、战术 GSM 侦听、恶意软件等这类标准解决方案，"飞马"软件利用了情报和执法机构专业人员专门开发的一系列尖端技术，弥补了巨大的技术差距，它提供了一组丰富的高级特性和标准拦截解决方案中无法提供的复杂情报收集功能，具有以下独特的技术亮点：

1. 数据收集的全面性

"飞马"软件主要通过 4 种方法来实现数据收集：①数据提取，在代理安装时提取设备上存在的全部数据；②被动监测，监测设备的新到达数据；③主动采集，激活摄像头、传声器、GPS 等元素，实时采集数据；④基于事件的收集，定义自动触发特定数据收集的方案。通过使用这四种收集方法，"飞马"软件可以实现广泛的数据收集，类型包括文本、音频、可视化信息、设备位置信息等，可提取设备上所有现有的数据；能够阅读短信、跟踪电话、收集密码、跟踪位置，访问目标设备的传声器和摄像头，并从应用程序收集信息，从而提供十分全面和完整的网络情报收集。

2. 数据传输的安全性

"飞马"软件实现了最高效、最安全的实时数据传输，数据以隐藏、压缩和加密的方式发送回"飞马"服务器。其代理和服务器之间的所有连接都采用了强算法加密，并相互验证，传输的数据使用 AES 128 位加密；其代理安装在设备的内核级别，隐藏良好，代理与中心服务器之间的通信是间接的（通过匿名网络），因此溯源难度大，防病毒和反间谍软件无法追

踪；发生暴露风险时具有自毁机制。

3. 数据表示与分析的可操作性

"飞马"系统提供了一套操作工具，这些工具包括：地理分析工具，可跟踪目标的实时和历史位置，查看地图上的多个目标；规则和警报工具，可定义规则，在重要数据到达时生成警报；收藏夹，可标记重要和喜欢的事件，以便后续回顾和更深入地分析；情报仪表板，查看目标活动的亮点和统计；实体管理，按利益集团管理目标（例如，毒品、恐怖、严重犯罪、地点等）；时间线分析工具，回顾和分析从特定时间框架收集的数据；高级搜索工具，对术语、名称、代码词和数字进行搜索，以检索特定信息。通过上述工具可帮助组织将数据转化为可操作的情报，对收集到的数据进行查看、排序、筛选、查询和分析。

（二）攻击能力

"飞马"是一款能实现无感知、难溯源、长期持续、精准定向的网络入侵、监听、攻击活动的强大间谍软件，具有跟踪、监听和间谍渗透的"全面能力"。其攻击能力主要有以下特点。

1. 远程静默注入能力

在设备上注入和安装代理是对目标设备进行情报操作的最敏感和最重要的阶段。"飞马"系统具有空中（OTA）远程安装的独特能力，它能够将消息远程秘密地发送到移动设备。此消息触发设备下载并在设备上安装代理。在整个安装过程中，不需要目标的合作或参与（例如，单击链接，打开消息），不需要在任何阶段对目标或设备物理接近，设备上也没有任何指示。安装是完全无声和隐形的，不能被目标阻止，从而实现无与伦比的移动情报收集。

2. "零点击"攻击能力

"飞马"攻击的一个最大特点是它能实现"零点击"（zero – click）攻击，即不需要用户点击的情况下入侵手机并自动激活，不需要来自目标的任何交互；不用钓鱼网址，照样能对目标对象实施各项有针对性的间谍活动。而传统手机监听方式，攻击者先要获得系统权限并安装间谍软件，然后才能在远程进行控制与操作。在这个过程中，安装软件的步骤可能被小心的用户发现或拒绝。根据相关报告显示，在 2016—2018 年间，"飞马"攻击策略是采用携带有恶意链接的短信实施鱼叉式网络钓鱼攻击。2018 年以后，攻击者的策略发生了改变，软件功能进化到可以无须使用这种方式，自 2018 年 5 月以来"飞马"零点击攻击开始频繁出现，并一直持续到最近的 2021 年 7 月事件曝光之时。

3. 超强渗透能力

"飞马"间谍软件能够渗透包括苹果、安卓、黑莓、塞班等智能手机系统；监控大量应用程序，包括 Skype、WhatsApp、Viber、Facebook 和 Blackberry Messenger（BBM）。攻破的服务平台包括苹果、谷歌、Amazon 和微软。软件可以复制谷歌云端硬盘、FB Messenger 和 iCloud 的授权密钥，允许另外的服务器模拟成官方服务器来欺骗手机。如果用户没有开启两步验证，攻击者可以直接获得云端数据。

4. 抗攻击溯源能力

"飞马"系统具有的自毁机制使得攻击源头难以暴露，追踪溯源很困难。当代理存在很大可能暴露风险时，系统能够自动启动自毁机制并卸载代理，然后伺机再次安装；当代理没有响应并且长时间没有与服务器通信的情况下，代理将自动卸载，以防止暴露或滥用。此外，"飞马"的匿名传输网络（PATN）还利用了某些技术来避免传统的网络扫描，从而实现攻击后在设备上不留痕迹。

四、几点启示

（一）间谍软件已成为一种强大的网络攻击武器

"飞马"间谍软件攻击事件，让我们认识到了间谍软件超强的杀伤力。当前，间谍软件的技术水平在不断地更新迭代，监控功能的强大已经超过了我们的想象。网络间谍的战法出现了新的变化，堪称"军用级"的网络武器。它跟 2010 年以色列研发的"震网"（Stuxnet）病毒软件摧毁伊朗核设施一样，堪称里程碑事件，值得从多方面进行深入研究。

（二）监控已超越传统行为变得更具普遍性

"飞马"攻击事件，与 2013 年斯诺登曝光的"棱镜"监控计划相比，可以发现，现在的监控已经超越了传统的监控行为，实现了对人们手机的入侵，这种情况更可怕。说明当前的监控工具更具普遍性，监控科技与产品已形成一个产业，其销售和转移已在全球形成一个产业链。以色列的 NSO 公司以及其开发的"飞马"间谍软件只是其中一个缩影而已。"飞马"本身就是一款普通的 APP，混杂于数以千万乃至上亿的应用软件中，互联互通的网络环境让其具有普遍撒网波及全球的影响力。

（三）间谍软件的即时检测和发现亟待技术和制度保证

"飞马"这一类的间谍软件，由于采用了十分先进的技术，可以隐藏数年不被发现，更难以溯源。因此，即时检测和发现就成为防范这类间谍软件的关键。首先从技术上需要提升间谍软件的检测发现能力。这次攻击事件曝光后，就是通过相关技术实锤了"飞马"数年来的大规模监视，同时还公布了取证的技术细节，其中包括 2018 年来该间谍软件感染目标的变化，并且公布了与该间谍软件相关的电子邮件、进程名、域名和IOC。然后，从管理和制度上要把好各个"关口"，如应该建立对外来APP的"隔离"机制，待安全无害后，才允许使用，全面提升国家网络治理体系和治理能力现代化水平，有利于及时阻断、发现、清除无孔不入的间谍软件。

（中国电子科技集团第三十研究所　陈倩）

美国网络司令部接收 IKE 网络态势感知项目

2021 年 4 月，原本由美国空军及网络司令部战略能力办公室（SCO）牵头研究的 IKE 项目正式移交美国网络司令部，成为该司令部联合网络指挥控制（JCC2）项目管理办公室的一个项目。这标志着美国军方对于网络战能力的发展日益重视并更加聚焦，美军的网络能力跃上一个新台阶。

一、IKE 项目基本情况

IKE 项目最初名为"X 计划"，于 2013 年开始由美国国防高级研究计划局（DARPA）推动研发，2019 年，美国国防部战略能力办公室接棒开展已经持续多年的"X 计划"研究项目，并将其重新命名为"IKE 项目"。IKE 项目是网络任务部队指挥官用来规划作战的工具，可为美国网络任务部队提供网络指挥控制和态势感知能力，并利用人工智能和机器学习技术帮助美军指挥官理解网络战场、支持美军网络战术的制定、评估并建模网络作战毁伤情况。与过去 10 年网络空间手动操纵工具的战斗相比，IKE 完全是一个划时代产物。

美国国防部近年来先后开展了 X 计划及 IKE 项目，从顶层上研究网络战场体系架构及相关革新性关键技术，用以为网络空间作战提供基础性感知、计划、实施和评估平台。

当前，美军在网络空间领域很大程度上依赖于人力和手工操作，缺乏测量、量化并理解网络空间的基础定义，无法做到快速感知、决策和执行。为此，美军正在从技术层面进行体系研发，构建能够实现在实时、大规模的动态网络环境中感知网络空间战场态势的系统，从而解决人工依赖性、作战速度慢、作战决策难和作战异步性等基础难题。

（一）IKE 项目是 X 计划的接棒延续

X 计划及 IKE 项目一脉相承，都寻求对网络战争的本质开展创新性研究，并支持发展主导网络战场的基础战略、战术，用以理解、计划和管理实时、大型、动态的网络环境下网络作战。它们在系统设计理念上具有体系集成、可视交互、简单易用、自动智能的特点。IKE 是一个先进的平台，可为整个指挥链中的用户提供计划、准备、执行和评估网络安全行动的能力。机器学习支持的自动化流程减少了作战人员的人工工作。先进的战场可视化功能使网络指挥官可以实时准确地了解网络。同时，充分利用人工智能和机器学习技术协助数据分析、运筹规划、作战响应，以适应网络空间作战的高速攻防、全时战备的需求。

（二）IKE 项目将成为美军网络战指挥与控制体系的基石

IKE 项目也将融入美军更大规模的 JCC2 项目中，成为美国军方网络战指挥与控制体系的基石。IKE 项目将和联合网络指挥与控制、统一平台等指控管理系统、网络战规划与执行基础系统，"舒特"等网络战与火力战一体的武器系统网络系统平台方面共同构建了美军全球最完整的网络战系统平台。

（三）IKE 项目表明美军更加聚焦网络战能力

根据美国国防部提交的 2020 财年预算文件，IKE 项目还将具备向美军联合作战部队指挥官提供战场级别的增强态势感知和针对网络部队及作战任务的战场管理能力。

当前，如何加强网络司令部自身基础设施的建设已经成为美国军方高层密切关注的重点。从 X 计划到 IKE 项目，美军大型网络战项目不断调整的命名和相互关系，某种程度上也反映了美国军方对于网络战能力的发展从模糊宽泛地定义，转变为关注特定工作方向内精简框架的态度变化。

总之，从 X 计划到 IKE 项目，从 DARPA 到美国空军和战略能力办公室，命名和研发主导机构已经改变，但美国国防部对该项研究的重视程度没有改变。美国国防部继续投巨资研发网络战指挥控制平台，一方面说明该研究项目是切实可行的，可以从实验室走向战场，值得在前期成果上继续提升改进，并在未来投入实战发挥作战效能；另一方面说明该项目是美国网络空间作战的基础性项目，并且能够极大助推美军网络空间作战，将在未来联合作战中发挥不可替代的作用。

二、IKE 项目新动向

（一）IKE 网络工具项目正式迁移至美国网络司令部

IKE 项目最初名为"X 计划"，于 2013 年开始由 DARPA 推动研发，后于 2019 年 7 月转移至国防部战略能力办公室，并以 9500 万美元的价格授予美国供应商"二六实验室"。战略能力办公室将 IKE 项目从战术级别扩展到最高战略级别，以驱动来自战术数据的可视化。2021 年 4 月初，IKE 项目又正式过渡到 JCC2 项目管理办公室下的一个项目。

从网络司令部的联合网络作战架构看，新研项目主要由空军及陆军负责，此次网络司令部从空军手中接过 IKE 项目，说明该项目的主要能力及体系结构已成熟，后续更多是在现有基础上不断改进和完善，同时网络司令部预计将在短时间内启动更大的联合网络指挥控制项目。

（二）IKE 项目同美国网络司令部"联合网络作战框架"联系更加紧密

IKE 项目被认为是 JCC2 的前身，而 JCC2 是美国网络司令部"联合网络作战框架"（JCWA）的支柱之一。JCC2 寻求整合各种来源的数据，以协助为指挥官决策提供信息和支持、评估下到个人层次的战备程度、将网络空间可视化并提供所有梯队作战部队的态势感知。二六实验室将 JCC2 设想为基于应用程序的模型编排平台，用户可以在该平台中从单个图表访问所有类型的信息和数据馈送，以向指挥官提供更好的态势感知和决策辅助。二六实验室未来还计划使用机器学习技术，减少作战人员的人工工作，为特定指挥官或网络团队应采取的行动路线提出建议。

美国国防部正式过渡了该原型项目，该项目将成为网络司令部网络任务部队关键网络工具的基准。该原型项目开发了一种至关重要的网络工具，可以帮助军事指挥官在网络作战中更好地做出决策，并且已经开发多年，现已正式移交给美国网络司令部。

（三）IKE 具有态势感知的潜力并可扩展到支持网络国家任务部队

美国国防部作战试验鉴定局局长（DOT&E）发布《2020 财年国防部作战试验鉴定年度报告》称，通过此前数次战斗指挥演习观察发现，如 IKE 数据库能够获取及时且格式正确的数据，该项目具有可以提供态势感知的潜力。但迄今为止，这些演习都依赖于大量的手动数据输入。为了使 IKE 具有作战效能并扩展到支持更大的网络国家任务部队（CNMF），必须设立基础数据集，并对其进行填充和维护。此外，至关重要的是，CNMF 必须将有效的网络安全整合到 IKE 项目的实施中。否则，对手可能会通过在 CNMF 领导层展示中插入错误报告来掩盖渗透和网络降级。

三、美军网络战能力新动向

（一）网络武器进入实战阶段

IKE 是一个人工智能赋能的新型网络战项目，历经多年的争论、试验、验证、演进和升级，如今已进入可用于实战的阶段。这个成果也可以看作是专门为军事行动设计的全频谱网络作战平台。尽管 IKE 目前还没有成为一个完全自主的网络引擎，核武器也不可能被添加到它的黑客工具库中，但它为计算机接管更多的网络战决策奠定了基础。美国担心落后于中国和俄罗斯等竞争对手，国防部对人工智能更加关注，不断推动对 IKE 的升级改进。每隔 3 周，该系统的一个更新版本就会完成并提交到美国网络司令部。

（二）AI + 网络攻击更能占得先机并抢先一步

从 DARPA 的 X 计划到五角大楼神秘面纱下的 IKE 项目，美国的人工智能网络战争技术平台已经发展到了一个危险的阶段，美国如何以及何时发动网络战的决策将越来越依赖计算机。人工智能技术能大幅提升攻击和防御的潜在优势，能在几分之一秒内检测动态，远超人类黑客的手速。

与网络战争有关的信息，尤其是 IKE 项目，属于高度机密。甚至任何有关其计算机代码的暗示线索都可能导致实战中该代码的攻击被阻断。但有一点是毋庸置疑的，在军备竞赛提速的大背景下，美国军方正在全力加速采用人工智能和自动化技术。

当前，虽然 IKE 项目的更多细节还处于保密之中，但其 2020 年 2700 万美元、2021 年 3060 万美元的预算，足以说明这个项目的重大优先级别。看来在 AI + 网络安全的赛道上，AI + 网络攻击相比 AI + 网络防御，更能占得先机并抢先一步。IKE 是现代网络战争的模型，但这仅仅是个开始。任何此类战争的自动化都将需要收集大量数据来训练人工智能系统。其他正在开发的程序，如 HACCS（一种利用自主性来对抗网络攻击者的系统），使计算机能够自主阻断网络威胁。

（三）网络空间的指挥控制在网络战中发挥极为关键的作用

与陆、海、空、天等作战域的指挥控制不同，网络空间的指挥控制对时效性的要求更高、辅助决策的数据来源及体量也更大，同时网络空间作为一种虚拟的人造空间，里面包含了很多非常抽象的要素和概念，这对内容呈现、交互方式也提出了很大的挑战。因此，网络空间的指挥控制在夺取网络战的胜利方面发挥着极为关键的作用。

IKE 项目可视为美国网络司令部联合网络指挥控制项目的试点项目，并将成为未来网络指挥控制的核心及基础。联合网络指挥控制项目将通过整合各种来源的数据，为指挥官决策提供信息和支持，评估下至个体人员的战备情况，对网络空间进行可视化并为各作战梯队提供态势感知能力。美国国防部在 2021 财年预算中为联合网络指挥控制项目申请 3840 万美元，用于研发新能力、为战斗司令部层级的试点项目组建 DevSecOps 团队、集成态势感知能力等。由此可以预测，IKE 项目将在 X 计划已有成果的基础上，大量加入人工智能技术，以提升数据融合及处理能力，提高自动化水平，减少操作人员的重复劳动。另外，IKE 项目也将参考、借鉴网络游戏的一些交互方式，以更加直观、简洁明了的方式呈现网络作战的各参与方的态势、网络资产的运行状态等信息，方便指挥官快速做出决策。目前 IKE 项目只是一种战术级能力，未来还有可能接入更多来源的数据，升级为战略级能力。

四、结束语

作为美国网络作战关键系统的 IKE 项目，未来将用于网络地图绘制、评估网络作战团队的战备情况、指挥网络空间部队。起初 X 计划在移交战略能力办公室时只是一种具体的战术能力，而 IKE 项目希望将其发展成一种战略能力，使指挥官能够同时查看己方的网络空间进攻性及防御性部队、友军及敌军，同时也将作为联合指挥控制的基本架构。

虽然网络空间战作为一个概念已被谈论数年，关于美军组建、发展和部署网络战力量的消息也不断披露，然而 IKE 项目的实施标志着美军对网络空间的理解和对网络作战系统的研发进入了新层次、新阶段，其网络作战系统建设和运用已逐渐趋于成熟和实用。

IKE 项目不仅仅是网络空间域的举措，它将与美军在陆、海、空、天物理域的举措融为一体，共同促进美军国防作战力量的集中融合、效能倍增，使美军将传统的物理域作战能力和新出现的网络空间域作战能力结合统一起来，获得全域军事优势。

（中国电子科技集团第三十研究所　龚汉卿）

透视全球 2021 网络安全演习

2021 年，虽持续受新冠疫情影响，美欧等国仍通过各种方式开展网络演习训练和竞赛活动，在实战中评估网络部队战备水平，检验和提升部队的网络作战能力。全球网络安全演习此起彼伏，各国强调组织协调、情报共享和安全协作等网络安全能力的建设，呈现出全民参与的总体态势，形成了跨域、跨国、跨部门的一体化模式。

一、演习基本情况

为使美国陆军适应不断变化的数字环境，并借助云技术来巩固其在网络空间内的优势地位，"云计划"提出了以下六大战略目标：加快数据驱动型决策；缩短软件部署时间；优化安全认证流程；将云设计、软件开发和数据工程作为核心能力；设计软件以适应难以捉摸的世界；提升 IT 资产/成本的透明度和问责水平。提出这些目标的核心思路是推动数字服务便利化，以便通过更加灵活、快速且廉价的数字服务，来提升美国陆军在数字领域的安全性、适应性、敏捷性和经济性。在"云计划"看来，美国陆军不能将这些目标视作一劳永逸的短期任务，而是应视作需要长期坚持不懈的远景方针。

（一）美国各军兵种密集开展网络安全演习，随时应对现实世界网络威胁

作为全球计算机及互联网技术最先进的国家，美国对网络安全实战演习青睐有加，2021年，美军的网络安全演习呈现新的特点，各军兵种开展网络安全演习，加强网络战能力建设，应对不断增加的网络威胁。

1月，美军开展"红旗21-1"演习——模拟太空、网络空间作战，以电子战为重点进行联合全域作战训练。该演习以提供实战化训练为宗旨，使太空和网络空间部队的训练水平保持在与空中作战相同的水平上。参演的太空力量由美国太空部队、美国陆军太空部队和盟国空军作战部队组成。2月，美国陆军举行了"网络探索2021"（Cyber Quest 2021）演习，首次与美国陆军的"陆军远征勇士实验"（AEWE）演习合办。4月，美国"全球闪电2021"演习在美国太空司令部联合作战中心结束，期间进行了多科目演习，特别测试了多域太空作战能力。超过100名美国太空司令部人员和900名参与者参加了"全球闪电2021"演习，该项目将太空能力整合到多领域演习中。今年的模拟冲突场景涉及3个作战司令部：美国太空司令部、美国战略司令部和美国欧洲司令部。9月，美国陆军在"2021网络现代化实验"演习中取得多项新进展，实验成果包括新兴波形、有保障PNT服务、CMOSS基础设施原型以及数据加密、战术通信和电子战能力。10月，美国陆军在亚利桑那州尤马试验场和新墨西哥州白沙导弹靶场启动了为期6周的"会聚工程2021"（Project Convergence 2021）作战演习。这次演习已经在实验室和实地进行了近一年的前期筹备，该次演习将聚焦于联合部队将如何在未来的战斗中击败具有先进技术的对手，战胜对手的高端能力。旨在找出可穿透高端对手"反介入/区域拒止"能力的技术，并为未来全域作战测试新技术、能力和作战概念。

（二）欧盟举行网络安全演习，重在检验对大型网络事件的响应和防御能力

2月，来自18个欧洲国家的军事网络响应小组进行了一次实弹演习，这是官方首次在欧盟范围内从纯军事角度考虑网络威胁，旨在测试欧盟在发生网络攻击时整合部队的能力。该活动由欧洲防卫局组织，是整个夏季活动的开幕式，包括培训课程和会议。官员们将这次演习称为"实弹"活动，因为它是在具有真实目标的基于云的网络靶场上进行的。三支敌对部队，包括一支由来自5个成员国的专家组成的队伍，要求防御队伍对不可预见的攻击做出反应。该场景包括找出攻击的来源并确定谁是幕后黑手。10月，欧盟网络与信息安全局（ENISA）与罗马尼亚国家网络安全理事会共同组织了第三次桌面蓝图行动层面（Blue OLEx）演习，以检验欧盟"网络危机联络组织网络"（CyCLONe）的运营程序，以应对大规模跨境网络危机或影响欧盟公民和企业的网络事件。桌面蓝图行动层面2021演习是在网络危机发生时对标准运营流程进行实际评估和可能改进的机会。这是第三次桌面蓝图行动层面演习，标志着"网络危机联络组织网络"运作一周年。这也是第一次在技术和操作层面测试相同的场景：在CySOPEx 2021的技术层面，通过CSIRTs网络、欧盟成员国指定的CSIRTs和根据NIS指令建立的CERT－EU网络。

（三）北约举行网络演习，考验相关国家保护重要服务和关键基础设施的能力

4月，北约举行2021年"锁定盾牌"演习，该演习是全球规模最大的网络防御实战演习，目的是强调网络防御者和战略决策者需要了解各国IT

系统之间的众多相互依赖关系。演习凸显了在技术专家、民间和军事参与者与决策层之间加强对话的日益增长的需求。

"锁盾2021"网络演习是北约各国网络防御者在严峻的网络攻击压力下实践对国家IT系统和关键基础设施的保护的独特机会。此次演习以虚构岛国"贝里里亚"的主要军事和民用IT系统遭受了协调性网络攻击为背景，该国军事防空、卫星任务控制、水净化、电网以及金融体系的运行遭受重大破坏。该演习涉及约5000个虚拟系统，这些系统遭受了4000多次攻击。旨在考验相关国家保护重要服务和关键基础设施的能力，并强调网络防御者和战略决策者需要了解各国IT系统之间的相互依赖关系。不同于以往，2021年的"锁盾"演习，组织者为虚拟演习环境提供了远程接入，参演人员远程参与而不是像往年那样在塔林集中。6月，来自18个北约盟国和伙伴国家参加波罗的海行动（BALTOPS 50）演习，这是一项为整个联盟的互操作性奠定基础的演习，波罗的海作战演习的第50次迭代，称为BALTOPS，2021年也首次包括防御性网络战战术、技术和程序。该场景将包含网络战挑战，以确保每个战争领域的实践能力，这种训练环境密切模拟现实世界的作战行动，并将为作战指挥官和所有机组人员提供类似的训练。

二、演习特点

（一）集成了太空和网络空间，用于联合全域作战训练

作为全球计算机及互联网技术最先进的国家，美国对网络安全实战演习青睐有加，2021年，美军的网络安全演习呈现新的特点，各军兵种开展网络安全演习，加强网络战能力建设，应对不断增加的网络威胁。

当前，美军新的联合作战概念特别强调增加太空和网络空间，以充分

利用两者在交战规则、机动方式和作战效果等方面的优势。美军正在寻求将网络与信息环境中的其他能力进整合，从而扩大网络的影响范围。美军举行多次聚焦信息作战的演习活动，通过实战演练提高部队信息环境作战能力。

在 2021 年美国空军"红旗 21 - 1"演习中，聚焦大国竞争，强调联合全域作战中的太空训练，提供一致且逼真的训练环境，包括将太空和网络空间作为组织学习的媒介，与空中作战在同一级别进行。参演的太空力量是由美国太空部队、美国陆军太空部队和盟国空军作战部队组成。除了空军，美军希望在"红旗"演习增加海军和导弹部队的力量，通过开展联合全域作战训练，将太空和网络空间部队的力量有效融入联合作战中，提高太空和网络空间部队与其他军兵种进行快速有效的沟通协同的能力，同时，也有助于增强其他军兵种利用太空和网络的力量达成战略目标的意识，以及应对来自太空和网络的攻击的能力。

（二）创新专项技术装备演习，发展联合作战概念和平台

面对作战概念、作战场景、作战需要的变化，全球各国正在对网络演习进行动态创新发展，改进演习形式，改善演练技术装备，从而使网络战士更好地做好战术准备。

2021 年，"网络扬基"演习首次使用了美国网络司令部（USCYBER-COM）开发的新"网络 9 线"系统（Cyber 9 - Line）。"网络 9 线"为国民警卫队的网络单位提供了一个问题模板，使他们能够快速地将疑似网络攻击的具体细节通过指挥系统传达给网络司令部。在 2021 年"锁定盾牌"演习中，使用最先进的技术、复杂的网络和多种攻击方法来模拟一系列现实和复杂的网络攻击情形，以测试各国保护重要服务和关键基础设施的能力。演习检查了不断发展的技术将如何塑造未来的冲突，如深度造假。

在今年举行的"网络夺旗 21 – 2"中,"持久性网络训练环境"(PCTE)平台的使用范围明显扩大,是上一次"网络夺旗"演习的 5 倍。同时,在美国陆军"汇聚工程 2021"演习中,演习目标明确指出,军方还在寻找方法,将人工智能、机器学习、自主性、机器人技术以及通用数据标准和架构结合起来,以便更快地在多个不同作战领域做出决策形成战术优势。

(三)加强国际联盟演习,增强网络空间作战协同性

美欧将联盟关系从现实世界推动到网络空间,通过加强在网络空间的合作,在新兴作战领域建立集体作战优势,力图掌握未来作战主导权。相关国家继续举行联合网络演习活动,促进盟国之间在网络空间的练兵协作。

随着全球各国面临网络威胁日益凸显,各国加强联盟网络安全演习,增强网络空间作战协同性,全面提升网络作战能力。以"锁定盾牌"演习为例,由北约卓越协同网络防御中心(CCDCOE)组织的全球最大、最复杂的国际实战网络防御演习涉及 30 个国家,在波罗的海行动(BALTOPS 50)演习中,有来自 18 个北约盟国和伙伴国家参加。6 月,围绕一个虚拟的盟军补给站,美国网络司令部在线上举行了有美国、英国和加拿大参与的多国联合网络演习"网络夺旗 21 – 2"。虽受新冠疫情的影响,全球各国依旧加强网络演习的合作,灵活参与,积极应对突发网络安全事件。

三、网络安全演习未来发展趋势

(一)规模越来越大,级别也越来越高,范围越来越广

随着网络形势的日益复杂,为应对网络攻击威胁的不断加剧,各国组织军方、企业、与机构实施联合网络安全对抗演习，未来网络安全演习规模越来越大，级别也越来越高，范围越来越广。不断扩大演习规模和范围，凸显网络演习既是检验网络部队作战水平的"试金石"，也是锤炼网络部队作战能力的"磨刀石"和发展网络攻防战术的"铺路石"。通过网络安全演习，全面提升各国网络作战实力，有效促进完善各国已制定的网络安全应急预案，有效提升各国在安全信息共享、协同联动、网络武器研发、安全人才培养等领域的合作水平。

（二）跨域、跨国、跨部门的一体化网络攻防演练模式日益成熟

2021 年，从组织规模上看，"锁定盾牌""网络夺旗"等系列演习，基本形成了多部门、多领域、多盟国参与的军政民一体融合模式，各个国家都正在多个层面发展网络战能力。以北约为例，他们试图通过分层渐进演习方式将网络整合到联合作战中。另外，北约还多次举行实战化网络攻防演习，构建"数字战壕"，已形成跨域、跨国、跨部门的一体化网络攻防演练模式，拓展了"集体防御、危机处理、合作安全"三大核心任务范围，反映出北约试图抢占全球网络安全制高点的新趋势。

（三）网络空间作战向战术级延伸，推动"多域作战"理念实现智能化、实战化

随着网络战、电子战和信息战的发展，美军近年来愈发重视将新的作战概念与能力注入传统的作战部队当中。通过美国陆军的历次演习可以看到，陆军未来必将继续融入人工智能技术，加大海、陆、空、太空和网络空间作战的关键技术融合的演练力度，推动网络空间作战由国家层面向战术级延伸，从而进一步推动"多域作战"理念向实战化发展。陆军近年来不仅注重陆军定义网络空间、电子战、情报、空间和信息作战的整合，以及网络部队与传统作战部队联合协作方式的探索，更注重海、陆、空、太空与网络空间作战关键技术的融合，大力开展有关"多域作战"战术、技术等测试的演练，并将机器学习等人工智能技术融入其中。

四、结束语

随着网络空间摩擦的不断增多，大规模网络冲突爆发的风险进一步加剧。对此，应积极借鉴欧美国家网络演习经验，开展高强度对抗下的网络攻防演习，进一步提升网络事件响应能力与关键基础设施防护能力。同时，要紧跟网络对抗技术及网络安全整体态势的发展，扩展布局太空网络安全，推动联合全域作战概念的实现。

（中国电子科技集团第三十研究所　龚汉卿）

美国国防部发布《反小型无人机战略》

2021年1月7日，美国国防部对外发布《反小型无人机战略》（以下简称《战略》）。该战略由美国陆军成立的联合反小型无人机办公室（JCO）牵头制定，旨在应对当前及未来呈指数增长的小型商用和军用无人机威胁。作为一部国防部层面的顶层战略，该战略分析了美军在美国本土、东道国（即作战国）和应急行动地区三种作战环境下所面临的小型无人机威胁，构建了一个包含"目标－方针－实施路线"的整体框架，以推动美军联合反小型无人机体系建设。

一、《战略》发布背景

美国国防部指出，全球范围内呈指数增长的小型无人机引发了新的风险，可能对美军的人员、资产和设施构成危害。随着技术的进步，小型无人机的性能、可靠性和生存能力不断提升，成本大幅下降，在商业和军事上得到广泛应用。小型无人机可被敌对国家、非国家行为体和犯罪分子用于战争、恐怖行动和犯罪。即使是在非恶意的应用中，如果操作员使用不当，小型无人机也可能造成危害。

为了应对当前小型无人机带来的风险，美国各军种、各部门从各自需求出发应用了大量反无人机解决方案。虽然这些解决方案短期内可以满足需求，但一定程度上不利于持续发展，无法与不断演变的威胁相适应。因此美国国防部认为，要想解决小型无人机带来的挑战，需要制定一个国防部层面的整体战略，打破各军种在反小型无人机领域"各自为战"的局面。

为了领导、同步和指导美军的反小型无人机活动，在整个国防部范围内形成合力，美国国防部在 2019 年 11 月指定陆军担任反小型无人机执行机构，并在陆军成立联合反小型无人机办公室，推动美军反小型无人机解决方案在方针、技术、作战概念和发展方向上的统一。

二、《战略》主要内容

《战略》分析了美国当前面临的无人机威胁，构建了一个"目标 - 方针 - 实施路线"的整体框架，指导美国国防部通过创新和协作，增强联合部队能力；全方位开发装备与非装备解决方案；以及建立并扩大与盟国及其他伙伴（国家/部门/机构）的合作关系。

（一）安全环境分析

小型无人机应用的拓展导致战争形态发生变化。一些小型无人机能够从操作员的手上起飞执行军事任务，或者遂行传统平台无法执行的新型进攻或防御任务。小型无人机集群作战，与有人系统协同或与人脸识别算法、5G 等高速通信网络技术叠加，将使作战体系的复杂程度上升到一个新的层级。此外，人工智能与自主小型无人机技术的融合还会推动战争形态发生重大变化。

美国的战略竞争对手正大力开发和部署小型无人机。美国的敌对国家从小型无人机应用的成功实践中吸取了经验。这些国家或受益于快速扩张的无人机市场，或大量部署了军用和商用小型无人机，为防御性和进攻性作战行动提供了更多的选择。《战略》指出，中国在迅速占领商用无人机市场的同时，在军事方面正通过巨大的军费投入大力开发和部署先进的无人机载武器系统。俄罗斯将小型无人机平台视为未来作战能力不可或缺的一部分，正积极提升无人机的察打一体水平，并装备了侦察和攻击无人机。伊朗等其他国家也在积极使用小型无人机开展动能打击行动。

小型无人机对美国军事优势构成了新的挑战。小型无人机处于传统防空、部队防护和空域控制之间的空白地带，它的出现使得原本充满挑战的安全环境更加复杂。利用小型无人机，对手可以通过以下方式对美国的军事优势构成挑战：通过态势感知搜集关键情报，降低美军自由机动的能力；加装无人机载武器，实现精确打击；通过拓展传感器覆盖范围和视距外通信，增加告警时间并扩大武器射程；发起网络攻击，窃取非加密系统上的敏感数据、传送恶意内容等。未来小型无人机一旦得到大规模使用，将使空域变得更加拥塞。《战略》指出：为了适应这种新型挑战，美国国防部必须采取非常规的探测方式，重点关注行为异常和被识别为潜在威胁的小型无人机。

（二）作战环境分析

《战略》从三类不同的作战环境分析了美军面临的问题。

（1）美国本土：无人机数量的持续增长将从根本上改变对空域的控制方式。美军若要采取反无人机措施，首先必须符合联邦法律，并且需要与其他联邦机构协调，同时还要考虑可能形成的附带损伤。而现行法律法规并未将小型无人机视为一种威胁，并且立法进程难以跟上技术发展的步伐。

因此《战略》指出，美国国防部必须与国内相关部门合作，确保国内反小型无人机措施能有效应对不断变化的威胁。

（2）东道国：与美国本土的情况相似，东道国的各种法律法规也可能会阻碍联合部队开展有效的部队防护措施。美军在东道国开展行动必须与当地的空域控制机构合作，并且必须遵守当地的法律、条约或其他协议。

（3）应急行动地区：通常应急行动地区的限制因素最少，但潜在风险最高。即使在低烈度冲突中，对手也能够利用改装的商用小型无人机遂行情报监视侦察和动能打击等任务。同时，对手可能会利用小型无人机实施网络战和电磁战。在这种环境下，美军及盟军若想使用小型无人机和有人驾驶飞机来达成军事目标，会造成一个高度拥塞并且更加缺乏控制的空域环境。

（三）战略框架分析

为应对小型无人机带来的挑战，报告提出 3 个战略目标：①通过创新和协作，增强联合部队能力，保护美军在美国本土、东道国和应急行动地区的人员、资产和设施；②开发各种装备和非装备解决方案，保障美军遂行各项任务时的安全，并阻止对手的破坏行动；③建立和扩大与盟国及其他伙伴国家/部门/机构的合作关系，保护美军在国内外的相关利益。

对应 3 项战略目标，报告提出 3 条战略方针：①推进研发、测试与鉴定（RDT&E）工作，以支持形成快速创新的解决方案；②开发各种装备和非装备解决方案；③充分利用与盟国及其他伙伴的合作关系。

对应 3 条战略方针，战略提出 3 条实施路线：①做好准备工作，最大限度提升当前的反小型无人机能力，并基于风险评估结果，快速高效地开发出成体系的装备和非装备解决方案，以满足新出现的需求；②生成战斗力，从条令、组织、训练、装备、领导、教育、人员、设施和政策（DOTMLPF－P）

各个层面全方位构建联合能力，并同步发展反小型无人机作战概念和条令；③打造联合团队，利用当前的联盟关系同时构建新的伙伴关系，扩大信息共享，以应对新的挑战。

在工作准备上的具体举措包括：①建立持久的情报需求与优先级，兼顾短期和长远需求，开展威胁评估，从三类作战环境对应的威胁等级、脆弱性和后果等方面识别可接受的风险；②在威胁评估的指导下，同步美国国防部科技投资，加速关键技术研发，提高应对突发威胁的能力，优先发展可靠的探测、跟踪和识别技术；③开发通用信息共享架构和威胁数据架构，确保不同装备之间的适应性、集成性和互操作性，提升部队在面临新兴小型无人机威胁时的灵活性与响应速度；④制定联合反小型无人机试验与鉴定的协议、标准和方法，确保各种解决方案能集成到分层防御体系中。

在战斗力生成上的具体举措包括：①构建覆盖条令、组织、训练、装备、领导、教育、人员、设施和政策各个层面的联合能力；②开发相关作战概念和条令，重点关注部署联合军兵种团队的价值和利用跨域效应的价值；③制定通用的联合训练标准，完善现有训练内容，并推动其向军种训练体系转化。

在打造联合团队上的具体举措包括：①与国家安全创新基地（NSIB）等非联邦实体合作，并寻求与民间组织建立新的协议，扩大多边合作，促进联合能力的快速开发；②通过技术交流、政策制定、共同研发、统一系统标准、对外军售等方式，维持、加强和最大限度地提升与盟国和伙伴国之间的互操作性；③与国内实体协作，实现互操作性，并最大限度地实现与其他联邦机构的协同行动，以保护美军在美国本土的设施和装备。

三、分析与启示

总体来看，这部战略是美军对反小型无人机的顶层思考。《战略》立足于美军面临的小型无人机威胁，从国防部的角度分析了为什么要制定战略、要实现怎样的目标，以及将采用什么样的方针和路线，构建了联合反小型无人机的整体框架。《战略》的发布反映了美军对小型无人机威胁的高度重视，希望通过构建联合体系，对小型无人机实施分层防御。

（一）美军高度重视发展反小型无人机能力

由于小型无人机的飞行高度低、速度慢、尺寸小，很难被传统的防空系统探测到，并且相较于大型无人机，其获取门槛更低，因此被诸多国家、非政府组织及个人广泛使用。随着小型无人机相关技术的加速突破，美军认为发展可用、可靠、低成本、低附带损伤的反制手段刻不容缓。

过去美军为应对无人机威胁，主要在两方面发力：①持续推进反无人机装备研发；②重点研究反无人机系统作战运用，如美国国防部自 2015 年起每年都组织"黑色飞镖"反无人机演习，就是为了提升部队反无人机的作战能力。《战略》的发布反映出美军开始从战略层面高度重视小型无人机威胁。

（二）美军将发展针对小型无人机的分层防御手段

"分层防御"这个概念在《战略》中被多次提及。《战略》指出，反小型无人机分层防御体系具有互补性，必须同时利用陆、海、空、天、网络和电磁能力，以产生多域作战优势。因此，在建设无人机防御能力时，应采取"综合探测、全域打击"的手段。对无人机单一途径的探测存在诸多不足，未来的无人机预警体系必然是依赖多来源的复合探测。同时，仅依靠单一技术手段难以对无人机造成有效杀伤，未来反无人机作战必然是软杀伤和硬毁伤结合，从物理手段到网络电磁空间，根据战场环境变化采取从非致命到致命的不同打击方式。

（三）《战略》将推动美军联合反小型无人机体系建设

这份《战略》是一份国防部层面的顶层设计，强调通过风险评估、促进研发、体系融合，战术联合、战略协作等方式，整体提高美军反小型无人机能力。在《战略》的指导下，美军将从条令、组织、训练、装备、领导、教育、人员、设施和政策各个层面全方位构建联合能力，加强反小型无人机体系建设。

反无人机作战是一个涉及多部门的问题，在进行反无人机作战能力建设时，需要综合多个部门，由一个统一的领导机构进行统筹。在美国国防部的要求下，美国陆军成立联合反小型无人机办公室，统筹全军的反小型无人机活动。这有利于反小型无人机能力建设，但《战略》中提出的要与盟国、联邦和非联邦机构加深合作，共同构建联合反小型无人机体系，也许还会面临诸多挑战。

（四）《战略》将推动美军反小型无人机技术装备的发展

美国近年来正大力发展反无人机能力，通过加大预算拨款、成立组织机构、出版战略条令、发展装备技术、开展演习试验等各个层面加快推进美军反无人机能力生成。这部《战略》虽未将发展举措具体到装备技术层面，但从美军近期的举措中可以得知美军在反小型无人机能力的主要发展方向。

《战略》指出，构成分层防御体系的装备必须具备适应性、集成性和互操作性，必须共享通用架构，采用标准化接口。为了减少美军各军种为开发反无人机解决方案而产生的重复性工作和居高不下的采购成本，联合反小型无人机办公室从2020年1月开始筛选美军各军种的反小型无人机系统，从40种反小型无人机系统中筛选出8种可以代表美国国防部现阶段反无人机能力的系统，并规定从现在起，各军种只能采购这些反无人机系统。这是美军首次推出统一的反无人机系统采购清单，将大大提高各军种反无人机系统的互操作性，有利于实现新技术的"即插即用"，同时有助于美军构建反无人机分层防御体系。

根据美国国防部公布的2022财年预算申请文件显示，美国陆军计划在2022财年投入超过5000万美元用于开发反小型无人机技术并展开跨军种合作，为应对小型无人机威胁建立一个持久的解决方案架构。其中，美国陆军计划花费1873万美元用于开发、集成和测试能够对抗单个无人威胁和无人机蜂群的高功率微波技术。

当前，美国陆军快速能力与关键技术办公室（RCCTO）正开展陆军定向能武器快速原型研究。联合反小型无人机办公室正在与该办公室展开合作，共同探索将定向能运用到反小型无人机的解决方案。

（中国电子科技集团第二十九研究所　杜雪薇　朱松）

美军"北方利刃-21"演习演练电子战新战法

2021 年 5 月，美军在阿拉斯加举行了"北方利刃-21"大型联合军事演习。本次演习着眼"战略对手威胁"，演练了大量创新战法和前沿技术应用。美军通过配置实力强大的"红军"模拟大国对手，检验和提升美军联合部队在高端对抗环境下的作战能力。随着美国战略重心转向大国对抗，近年来"北方利刃"军演成为美军新装备和新战法的重要试验场。

一、演习的基本情况

"北方利刃"演习最早可追溯至 1975 年举办的"严寒"演习。1993 年正式开始了第一届"北方利刃"军演。最初每年进行一次，近年来改为每两年一次。与其他联合军演相比，"北方利刃"演习更加注重在近似实战的环境中测试、评估创新的系统、概念和战法。近几年随着美军将中俄作为国防战略的主要假想敌，"北方利刃"军演的规模逐年增大。2017 年参演人数约 6000 人，2019 年参演人数约 1 万人，2021 年达到了 1.5 万人。

"北方利刃-21"于 2021 年 5 月 3 日至 14 日在阿拉斯加附近举行。此次军演由美军太平洋司令部组织，参加演习的有美国陆军、海军、海军陆战队、空军多军种，参演部队包括"罗斯福"航空母舰打击群及其第 11 舰载机联队、"马金岛"两栖战备大队及第 15 海军陆战队远征军、第 4 步兵旅战斗队、第 25 步兵师、第 17 野战炮兵旅、第 3 远征航空和太空特遣队、空军第 53 联队等。

此次"北方利刃 – 21"军演中，美军在电子战能力上试验了多种新型装备并演练了新战法，成为此次军演的一大亮点，也预示着美国空军电子战战术可能会出现新的发展。

二、参演的电子战装备

"北方利刃 – 21"军演中，美军对多型武器装备的电子战能力进行了评估。这些装备或能力主要包括 F – 35 战斗机的辐射控制能力、F – 15 战斗机装备的"'鹰'无源/有源告警与生存系统"（EPAWSS）、MQ – 9"死神"无人机搭载的"'死神'防御性电子支援系统"（RDESS）等。

（一）F – 35 战斗机的辐射控制能力

"北方利刃 – 21"演习中，美国空军第 422 试验鉴定中队对 F – 35 战斗机最新升级的 Suite 30P06 作战飞行程序进行了测试，评估了软件在现实威胁环境中的性能。测试中，F – 35 战斗机飞行员通过辐射控制手段，将 F – 35 战斗机的辐射降至最低，并与四代机的电子战能力实现协同，以更加抵近对手。

（二）"死神"防御性电子支援系统

本次演习中，第 556 试验鉴定中队操作 MQ – 9"死神"无人机对一款名为"'死神'防御性电子支援系统"的电子战吊舱进行试验。该吊舱旨在帮助 MQ - 9 无人机发现并识别威胁。该项目尚处于研发初期，参演的吊舱是目前唯一的一部原型样机。据介绍，演习中获得的数据将为项目后续的开发和作战测试提供指导。

（三）"鹰"无源/有源告警与生存系统

此次"北方利刃"演习中 F - 15 战斗机装备了 AN/ALQ - 250 系统，即 EPAWSS（图1）。演习中，F - 15 战斗机首次在战术编队中使用了该系统。

EPAWSS 基于 BAE 公司研制的 ALQ - 239 数字电子战系统研发而成。ALQ - 239 装备于沙特空军的 F - 15SA 战斗机上。EPAWSS 能在密集信号环境中探测和干扰地面与空中威胁，对电磁频谱进行采样、威胁识别、优先级确定，并针对威胁分配干扰资源，提供雷达告警、威胁定位、态势感知和自卫。在此次演习中，测试人员对 EPAWSS 的电子攻击有效性进行了试验。

图 1　装备 EPAWSS 的 F - 15E 战斗机

三、演练的电子战新战术

本次演习，美军设置了大量电子战演习科目。其中，最引人关注的是第 53 中队对 F-15、F-35 战斗机在复杂战场环境下联合作战能力进行了测试,评估了四代机和五代机电子攻击战术、技术和程序。该战术利用 F-15 战斗机上的电子战装备,帮助 F-35 战斗机提升隐身突防能力,实现四代机和五代机的联合突防作战。

根据美国空军的描述,演习中装备 AN/ALQ-250 的 F-15 战斗机与 F-35 战斗机组成战术编队。F-35 战斗机通过 Suite 30P06 作战飞行程序,关闭自身雷达,将 F-35 战斗机的电磁辐射降至最低。F-15 战斗机利用 AN/ALQ-250 电子战系统对敌方防空系统实施干扰,协助 F-35 战斗机实现快速隐身突防。

该战术是由美国空军"武器与战术会议"讨论后确定的战术改进建议 (TIP)。美国空军每年都会举行为期两周的"武器与战术会议",届时空军作战部队数百名作战人员共同讨论当下及未来存在的作战难题,提出并完善战术改进建议。

如果四代机 F-15 和五代机 F-35 协同突防的电子战战术得以完善和采用,美国空军未来作战方式可能将发生重大转变,电子战的战场地位和作用将显著提升。

四、几点认识

美国空军在"北方利刃-21"演习后表示,F-35 和 F-15EX 两型战斗机互补。F-35 战斗机具备更好的隐身特性和传感器融合能力,F-15EX 战斗机能够携带更多的弹药,两者的任务定位不同。从美军的描述及正在开展的试验推测,未来美国空军可能会将 F-15 与 F-35 战斗机组成联合战术编队,F-35 战斗机负责隐身突防并将所收集的信息通过隐蔽数据链传递至 F – 15 战斗机，F – 15 战斗机则利用 EPAWSS 和自身挂载的弹药对敌防空系统实施软杀伤或硬杀伤摧毁，从而实现四代机和五代机的联合作战。这表明美国空军电子战的发展正呈现出新的特点。

（一）美国空军重新定位电子战，为隐身飞机提供干扰支援

冷战结束后，美国空军的电子战力量一度衰退。1990 年美国空军退役了 F – 4G "野鼬鼠"和 EF – 111 "渡鸦"电子战飞机，此后美国空军没有像海军发展 EA – 18G "咆哮者"一样研制专用战术电子攻击飞机，而是大力发展隐身飞机，20 世纪后 F – 22 "猛禽"战斗机、F – 35A "联合攻击"战斗机先后入役。表明美国空军偏向通过提升飞机隐身性能，而非采用雷达干扰手段来实施对敌防空压制和制空任务。此后的 20 年间，美国空军的电子战力量不断萎缩，"重隐身、轻电子战"的思想在很长时间内主导着空军的力量建设，美国空军曾一度表示未来只采购五代机及更先进的隐身战机，希望依靠"隐身"完成战场突防、打击等多种任务。

但随着反隐身探测技术和综合防空系统的发展，单纯依靠隐身技术已经无法维持美国空军的空中优势。近年来，随着美国国防战略重心转向大国对抗，如何在"反介入/区域拒止"威胁下实施有效的对敌防空压制并夺取制空权成为美国空军急需解决的问题。

为此，美国空军 2015 年组建了"空中优势 2030"体系能力协同小组并在 2016 年发布《2030 年空中优势飞行规划》，围绕如何在 2030 年后的强对抗环境中获取空中优势的进行能力分析。随着研究的深入，美国空军意识到单纯依靠隐身战术已经无法适应未来的强敌对抗，即便是隐身飞机也需要得到干扰支援。因此，美国空军在 2017 年提出"穿透型电子攻击"概念并成立电磁频谱优势体系能力协同小组，将电子战列为美国空军的重要发展事项，希望通过加强电子战力量运用来获取空中优势。

"北方利刃－21"中F－15战斗机为F－35隐身战斗机提供干扰支援，是美军对"隐身"和"电子战"两种能力结合运用的一次创新，也是美军对此前设想的检验和验证。推测美国空军将在此次战术演习的基础上，对该战术进行深化和完善，并为后续战术的开发提供指导。

（二）美国空军评估远距离支援方案，作战样式将更加灵活

除了"北方利刃－21"中的演练的电子战新战术外，美国空军未来可能会拥有空军版的"下一代干扰机"。美军武装部队委员会战术空中和地面分委会提议在《2022财年国防授权法案》中增加一项条款，该条款要求美国空军部长对机载电子攻击进行评估，并分析将美国海军ALQ－249"下一代干扰机"吊舱挂载空军战术飞机的可行性。该条款还要求美国空军部长在2022年2月15日前向武装部队委员会提交评估报告。美国空军最新的F－15EX战斗机无疑最有可能成为空军版"下一代干扰机"的搭载平台。与F－15E战斗机相比，F－15EX战斗机换装了性能更为强大的发动机，载弹量和作战半径均有显著提升。一旦美国空军拥有了空军版"咆哮者"，空军的战术电子战能力将获得极大提升。而随着空军补足电子攻击的短板，其作战方式将更加灵活。

（三）美国空军电子战力量变革将日益深化，后续发展值得关注

值得关注的是，美国国防部发布《电磁频谱优势战略》之后，2021年美国空军迅速制定并发布了空军的《电磁频谱优势战略》，是最先且目前已知的唯一一个完成细化战略的作战军种。由此可见，美国空军对未来电子战的发展高度重视，并且已经开展了充分的调研和规划工作，为空军后续工作的实施奠定了坚实基础。

美国空军电子战已经进入快速发展阶段，具体体现在装备研发、战术开发、条令建设、组织机构调整等各个方面。例如，2021年美国空军研究实验室发布"怪兽"项目征集书，提出发展认知电子战装备以对抗新型综合防空系统。2021 年美国空军成立首支频谱战联队，负责支撑空军电子战的系统设计、试验鉴定、战术开发等工作。

总之，虽然美国空军未来电子战的力量具体组成和运用形式尚不明确，但美国空军加强电子战力量建设、重视电子战运用的趋势已经显现。"北方利刃－21"揭开空军电子战发展的大幕。

（中国电子科技集团第二十九研究所　王晓东　朱松）

美国空军首次实现对飞行中战斗机
电子战系统的远程升级

2021年7月，美国空军宣布对一架飞行中的F-16C"蝰蛇"战斗机进行了电子战软件远程升级测试，这是对机载电子战系统进行的首次飞行在线升级。此次实验是美军机载电子战的重大发展，对认知电子战未来的发展具有重要影响，值得高度关注。

一、实验基本情况

（一）实验开展情况

据美国空军网站7月31日报道，空军此次测试是在内华达州的内利斯空军基地进行的，属于美国空军"先进战斗管理系统"计划的一部分。犹他州希尔空军基地软件集成实验室的研究人员和第84实验鉴定中队参与了实验和测试活动。

报道没有明确实验的具体时间。结合此前的消息可以知道，美国空军从4月开始在内利斯空军基地进行"先进作战管理系统"实验，F-16战斗机的实验是"先进作战管理系统"技术开发测试的一部分，应该是从 4 月起，并进行了多轮测试。

实验主要内容是对 F – 16C 战斗机装备的 AN/ALQ – 213 的"电子战管理系统"（EWMS）软件进行在线升级，报道没有披露实验细节。希尔空军基地软件集成实验室参与了本次实验，该实验室负责 F – 16 战斗机全寿命周期的能力开发和持续维持。测试期间，实验室的研究人员向 AN/ALQ – 213 电子战管理系统的对抗措施信号处理器发送了任务数据文件。处于飞行状态的 F – 16C 战斗机通过机载超视距卫星通信系统完成了软件接收，对系统进行了升级。为了完成本次测试，研究人员修改了飞机的中央显示单元软件，但没有更换任何硬件。

（二）实验装备

本次升级实验涉及的装备是 AN/ALQ – 213 电子战管理系统，用于电子战自卫子系统的协同、综合与作战管理。AN/ALQ – 213（V）电子战管理系统由丹麦特玛公司生产，基本型最初是该公司与丹麦皇家空军合作开发的，旨在减少 F – 16 战斗机飞行员的工作量，提高机载防御辅助设备（包括先进对抗措施投放系统、AN/ALR – 69 雷达告警接收机以及 AN/ALQ – 162 射频干扰机等）的作战效能。继基本型后，电子战管理系统进行了技术更新，升级后的系统包括先进的计算装置和数字接口、合成音频提示、图形控制和显示单元以及先进威胁显示（ATD）等，现已应用到多种战斗机、直升机和运输机上。

在功能上，电子战管理系统可根据飞行员的选择，通过电子战管理单元软件驱动的菜单在手动、半自动或自动模式下设置、控制和启动自卫程序，可选择箔条、曳光弹和干扰机的组合，以实现对当前威胁最有效的对抗。通过使用电子战自适应处理（ECAP）功能获得优化响应信号，从而使电子战管理系统能够持续分析当前的威胁画面，并自动选择（处于自动模式下）现有最有效的对抗措施组合，包括辅助飞行员进行防御性的机动飞行。

AN/ALQ－213电子战管理系统可以设置为自动模式，当与控制单元相连的传感器探测到特定类型威胁，如来袭的雷达制导导弹时，就会立即启动对抗措施。但只有当系统可以根据数据库中的信息对探测到的威胁进行分类时，系统才能采取对抗措施。除了不能处理未知类型的信号外，采用数据库比对也难以识别已知信号的新模式以及与其他信号混杂在一起的信号。正因为如此，美国空军才需要全新的远程更新能力。此次测试实验也表明了近实时地实现未知电磁威胁关联的可行性。

（三）美军对此次实验的总结

美国空军F－16战斗机系统项目经理蒂姆·贝利（Tim Bailey）上校表示，"飞行测试和项目团队的创造力使得F－16C在着陆时拥有了比起飞时更强的能力。利用F－16C战斗机的现有系统，没有增加任何硬件的条件下实现了这一技术奇迹具有重大意义！"

美国空军第84实验鉴定中队指挥官扎卡里·普罗布斯特（Zachary Probst）表示，"这是战斗机第一次在飞行期间进行软件更新，并获得新能力。快速更新软件，特别是更新任务数据文件与我们发现、识别和抵御威胁的能力密切相关，是重要的战术需求。"

二、分析研判

现役电子战系统大多是针对已知或预期的电磁频谱环境设计的，需要具有雷达以及其他辐射源基本特征的数据库。这个基本数据库以及电子战重编程周期往往要花费数千小时，针对各种已知、未知、新的和不寻常的辐射源创建而成。这是一项劳动密集型的工作，需要耗费大量时间和人力，即使对于参数完整的信号，也要数月才能完成。随着武器的扩散和新武器不断投入应用，电子战斗序列、传感器和干扰机的配置要不断更新。这个过程几十年来一直都是电子战体系的基石。美国军方认识到，随着对手采用新型自适应雷达对防空系统进行改进，这种基于取证的过程已无法跟上现代数字系统的快速发展的步伐，因此从 2010 年 DARPA 发布了"行为学习自适应电子战"（BLADE）项目公告以来，美军一直致力于认知电子战技术的研究和电子战能力的发展。

经过近十年的发展，认知电子战领域已经从技术研发迈向实战部署。2018 年 2 月 22 日，美国海军作战部长向众议院武装部队委员会递交了《美国海军 2019 财年未获投资的优先级项目清单及概述》。其中有两个项目与认知电子战相关，分别是"F/A－18E/FARC"项目、"EA－18G 高级模式 1.2 & REAM/认知电子战"项目。根据相关描述，这两类认知电子战系统都有望于 2023 年具备初始作战能力。2021 年 3 月 11 日，美国空军全寿命周期管理中心发布了一项信息征询书，寻求人工智能、机器学习算法，征询书指出，F－15 项目办公室正在寻找"未来两年内可以投入使用的技术，并逐步集成到目前为 F－15 开发的电子战系统中"。

完全反应式的探测和对抗是认知电子战的终极目标，当前的目标是开发更加主动的电子战系统。这类型电子战平台将具备一定的认知能力，能对频谱进行感知并提供辐射源的特性。在认知电子战工具包的帮助下，前线和远程的操作员将仔细检查来自传感器的馈入，采用人工智能及机器学习工具对频谱进行快速表征，并制定必要的对抗措施。通过利用机器学习工具包，对抗措施将在几小时内或更快生成。最终，随着平台间的高速连接变得更加普遍，在几分钟或几秒钟内就可以完成新的探测和对抗配置文件的推送。在上述过程中，电子战程序的快速升级无疑是实现认知电子战目标的重要环节。

这次实验是美国空军对飞行中电子战软件升级的探索实践，F-16C 战斗机在飞行中的软件升级测试表明美国空军已经为认知电子战能力落地开展了相应的工作。美国空军无疑希望升级过程能够尽可能快，比如说，执行任务的战斗机探测到新型威胁后，将信息反馈给认知电子战网络，然后对该机或其他战机的电子战系统进行在线升级，而这些工作以前都是需要战斗机返回基地完成的。这有助于美国空军在面对新威胁时能快速反应，以更好地应对敌方的先进防空反导系统，提高战机的生存率。

三、几点认识

此次实验引起了多方的关注，关注的重点包括以下几个方面。

（一）战斗机飞行中电子战软件升级的过程

F-16 战斗机在飞行过程中先通过超视距通信把新的电子威胁数据发到地面，地面的再编程实验室的编程人员立马分析威胁数据，修改电子战软件，再通过 DevSecOps 流水线自动编译测试生成容器镜像，把生成的电子战软件的升级版本的容器镜像通过超视距通信传回飞行中的 F-16，然后机载的 Kubernetes 编排引擎利用升级版本的电子战软件对电子战应用升级。

（二）美国空军实现软件升级的技术保障基础

美国空军 DevSecOps 开发模式和 Kubernetes 云容器技术是飞行中软件安全快速升级的保障。

据报道，美国希尔空军基地软件集成实验室从 2019 年年底开始在 F-16

战斗机上安装和运行 Kubernetes。借助 Kubernetes 技术，美国空军于 2020 年 10 月实现了 U-2 侦察机进行了飞行中软件更新。Kubernetes 容器技术为每个软件提供了独立运行环境，避免了软件间的兼容性冲突，各种应用之间的隔离可以保证各应用程序快速升级，避免相互影响，如在 F-16 战斗机飞行过程中升级电子战程序，不会对其飞行控制程序造成影响。容器技术也支持人工智能、机器学习的嵌入，在 2020 年 12 月的一次飞行训练中，美国空军让人工智能算法 ARTUμ 全权负责了 U-2 侦察机上的传感器和导航系统，由于采用 Kubernetes 云容器，ARTUμ 算法从在云端完成训练到实际任务部署只用了一个多月。

（三）认知电子战敏捷的开发及部署

认知电子战将人工智能及机器学习技术应用于研发和部署先进的电子战能力，包括生成新的对抗措施，快速甚至实时地应对各种新威胁，而快速更新及部署新电子战能力无疑也是认知电子战 OODA 环上的重要环节。

认知电子战概念的近期能力就是各种平台，包括飞机及各种机载系统，能够向电子战生态系统提供有关新威胁的数据。分析人员和工程师通过对其进行分析，进而开发出新的或改进的对抗措施，采用人工智能和机器学习技术有助于加快这一进程。认知电子战的终极目标是进行能力开发，使得人工智能驱动的电子战系统能够做更多的事，而不仅仅是电子战任务本身，使电子战软件包能够迅速调整以实时适应任何可能出现的新威胁。

（四）实时软件更新升级的影响

实时软件更新升级将显著提高先进作战平台战场适应性和应变能力，更好地支持马赛克战、电磁机动战等新型作战概念。

设想未来战场上美军战斗机、侦察机等平台具备软件实时更新升级能力，则这些平台可以根据战场态势及作战需要，对平台资源重新规划，在几秒内完成新应用程序的更新，快速切换功能，转变战场角色或进行能力升级，从而提升作战平台应变和适配性，极大适应和支持未来如马赛克战、电磁机动战等分布式、敏捷化、灵活化作战方式。

美国空军 F – 16 战斗机飞行中电子战软件升级实验是美军认知电子战迈向实战部署工作的重要组成。在不断的实践中，美军进一步完善了认知电子战概念，为快速敏捷应对新威胁，全面开发认知电子战能力迈出了重要一步。

（中国电子科技集团第二十九研究所　张晓芸　朱松）

美国陆军推进综合战术电子战架构的构建

美国陆军 2022 财年电子战采购经费从 2021 财年的 1.23 亿美元缩减至 4800 万美元，但其仍在研发方面投入巨资以构建战场架构，旨在与国家电子和网络战术系统相连接。预想的网络和电磁活动架构将集成一套系统，使陆军能够进行多域作战，并连接其战术重点平台和国家战略系统。美国陆军 2022 财年支持该架构的系统预算包括：多功能电子战项目从去年预测的 900 万美元增加至 1200 万美元，虽然该项目削减了 MQ－1C"灰鹰"机载干扰吊舱的采购费用，但仍需研发这项技术；旅战斗队地面层系统，即美国陆军第一个综合电子战、信号情报和网络系统，研发经费约 3970 万美元；电子战规划和管理工具项目研发经费为 1680 万美元，采购经费 70 万美元；旅以上部队地面层系统项目研发经费 1950 万美元，该项目将旅级以上梯队指挥官提供感知、精确定位、非动能火力和动能瞄准能力。本文将主要梳理和分析美国陆军电子战发展现状、重点项目、发展思路及发展趋势。

一、发展现状

为适应未来信息化战争的现实需要，美国陆军的电子战装备正从单一电子战设备向多平台、多手段、多功能的综合一体化电子战系统方向发展。近年来，美国陆军投入了大量资金，不断推进综合电子战系统的研制与部署。

当前，美国陆军主要电子战系统主要包括：用于信号情报搜集的 AN/MLQ－44A（V）"预言家"（PROPHET）、"战术电子战系统"（TEWS）/"轻型战术电子战"（TEWL）系统、"地面层系统"（TLS）、"多功能电子战"（MFEW）系统以及 VMAX/VROD 背负式电子战系统等。

美国陆军大约部署了 78 套"预言家"系统，每个旅战斗队 3 套。有 3 个旅战斗队接收了战术电子战系统，有 1 个旅战斗队可能正在使用轻型战术电子战系统。如果与俄罗斯发生任何冲突事件，前沿部署的第 2 骑兵师"斯特瑞克"旅战斗队以及第 173 空降兵旅战斗队几乎可以肯定是美国陆军首先部署的机动部队，以支援北约的行动。

地面层系统目前正处于研制阶段，计划于 2022 财年实现全速生产（FRP）并首次列装部队。

多功能电子战系统目前也正处于研制阶段，计划于 2022 财年实现"空中大型多功能电子战"（MFEW－AL）系统全速生产并首次列装部队。

战术电子战系统可对俄方无线电和通信网络构成威胁。第 3 装甲旅战斗队也拥有战术电子战系统。虽然该部队驻扎在美国得克萨斯州，但在战时可以提前部署到欧洲进行支援。

美国陆军采购了大约 200 套 VMAX 和 100 套 VROD 套背负式电子战系统，这意味着每个旅战斗队将分别拥有 6～7 套 VMAX 和 3 套 VROD 系统。旅战斗队目前的弱点在于，除了 VMAX 和战术电子战系统之外，其电子攻击能力非常有限。不过美国陆军已经开始着手解决这个问题。

二、重点项目

（一）多功能电子战系统项目

美国陆军正在重点发展多功能电子战的机载电子支援装备。其中，空中大型多功能电子战系统是一个能力集合，将为旅战斗队指挥官提供建制空中电子攻击能力。空中大型多功能电子战系统是一个自封装机载电子战吊舱，将安装在"灰鹰"无人机上。系统以软件无线电数字射频存储架构为基础，利用预先编程的信号特征信息和实时战场信息来完成预定任务。空中大型多功能电子战系统将与"电子战规划与管理工具"（EWPMT）互操作，用于支持指挥控制。空中大型多功能电子战系统的频率覆盖范围预计为 30 兆赫~40 吉赫，将对敌方多种任务的雷达进行通信情报和电子情报搜集，还可以搜集 370 千米范围内的战役和战术级信号情报。"空中小型多功能电子战"（MFEW – AS）系统则将安装在陆军第三类无人机上，用于支持战术级信号情报搜集。除此之外还有"空中旋翼多功能电子战"（MFEW – Air Rotary）系统，该系统主要用于陆军旋翼式飞机的防护。

空中大型多功能电子战系统在 2021 财年达到里程碑 C，2022 财年实现全速生产并首次列装部队。美国陆军申请了 870 万美元用以购买洛克希德·马丁公司生产的一套空中大型多功能电子战系统。未来年度防务项目预算中（表 1），陆军计划为多功能电子战系统提供 5840 万美元的资金。多功能电子战系统的服役期预计从 2026 年开始，空中大型多功能电子战系统将从 2027 年开始，空中小型多功能电子战系统则大约从 2030 年开始。

表 1　空中大型多功能电子战系统预算信息　单位：万美元

资源	开支	2021 财年	2022 财年	2023 财年	2024 财年	2025 财年	合计
MFEW – AL	购买	870	1930	2030	1030	—	5840
工程与制造研发	RDT&E	4580	900	450	570	670	7170

（二）地面层系统

地面层系统是美国陆军下一代信号情报、电子战和赛博空间作战装备，它以陆军战术车辆为载车，将部署于旅战斗队中。地面层系统将通过探测、识别、定位、利用和破坏感兴趣的敌方信号为己方作战人员提供更佳的态势感知。地面层系统将取代战术电子战系统和 AN/MLQ – 44A "预言家"信号情报系统。美国陆军正在向数字接收机技术公司和洛克希德·马丁公司投资，用以生产两套地面层系统样机。

地面层系统已于 2020 年春季到达里程碑 A，目前正在进行其他交易授权（OTA）样机的生产、集成与评估，系统计划于 2022 年首次列装部队，项目预算信息如表 2 所列。在旅战斗队地面层系统之后，陆军将就地面层系统的另一个型号——旅以上地面层系统发布最终版的建议征求书（RFP），计划于 2024 第 1 季度生产首套装备。美国陆军要求国会在 2021 财年中拨款 810 万美元，用于支持"大型地面层系统"（TLS – Large）项目的长期研发。众议院国防拨款法案没有提供拨款，给出的理由是"为时尚早"。TLS – BCT 战车计划从 2022 年开始服役，TLS – EAB 则是从 2024 年开始服役。根据计划，每个旅战斗队最终将获得 3 套地面层系统，每套配有两辆车：一辆用于执行电子攻击和赛博攻击，另一辆用于搜集信号情报。这将使轻型地面层系统、TLS – BCT 和 TLS – AMPV 三种型号到 2030 年中期至少各有 30 套。

表 2　地面层系统预算信息

资源	2021 财年	2022 财年	2023 财年	2024 财年	2025 财年
数量	—	7	13	24	24
资金/万美元	810	3970	8810	16710	18640

（三）增强型"预言家"系统

增强型"预言家"系统是美国陆军建制陆基传感器系统，可提供全天候、全天时的战术信号情报和电子战支援能力。该系统由美国通用动力任务系统分公司负责开发和支持，采用政府现货和商业现货技术（GOTS/COTS）来提供下一代信号情报能力，以跟随近乎对等对手和新兴威胁的发展速度。增强型"预言家"系统有背负型、车载型和固定部署型等多种配置，能够探测、识别和定位敌方辐射源。

尽管"预言家"系统的某些性能是保密的，但可以猜测其主要用于搜集敌方无线电和网络上甚高频/特高频频段（20 兆赫～2 吉赫）的通信情报。战术电子战系统是装备于"斯特赖克"战车上的战术电子攻击和电子支援系统，用于执行电子支援，搜集敌方甚高频/特高频频段的通信情报，并对该频段的无线电和通信网络实施电子攻击。

2021 财年及后期用于增强型"预言家"系统的资金分为两类：一类用于特殊目的系统，包括关注信号的整合和标准化，以及为应对不断变化的威胁而对信号库所进行的其他改进；第二类用于增强型"预言家"系统的改进，包括部署、培训、硬件和软件维修以及其他来自上一年采购的支持活动。增强型"预言家"系统的采购于 2020 财年完成，用于集成和标准化的第一类资金在 2021 财年之后停止拨付；在未来年度国防规划（FYDP）中，只拨付用于"预言家"系统改进的第二类资金。2021 财年，美国陆军申请了 6150 万美元资金用于海外应急行动需要。2021 财年，美国陆军申请了 2860 万美元用于增强型"预言家"系统。众议院国防拨款法案为战术电子战系统增加了 3700 万美元资金。其预算信息如表 3 所列。

表 3　"预言家"系统预算信息

单位：万美元

资源	2021 财年	2022 财年	2023 财年	2024 财年	2025 财年
特殊目的系统	1140	0	0	0	0
"预言家"改进系统	1710	410	410	420	670
合计	2850	410	410	420	670

（四）电子战规划与管理工具

"电子战规划与管理工具"（EWPMT）是指挥官控制、管理和对电磁频谱威胁进行可视化观察的软件。与多功能电子战系统和地面层系统一样，电子战规划与管理工具也是陆军实现电磁频谱优势的支柱项目。具体来说，电子战规划与管理工具能够规划和执行电子战和赛博攻击，并对这些攻击进行必要的评估，包括进攻性和防御性电子战、电磁机动目标规划，以及跨域信号情报和情报监视侦察集成。该系统采取的是一种基于连续能力投放（CD）的革新性采购策略。按计划，该项目于 2021 财年进入"能力投放 4"采购阶段，将提供电子战效能、增强的目标规划、装备的远程控制和管理、战斗损伤评估（BDA）等功能，并能够融入指挥所计算环境（CPCE）。2021 财年实现了增量 1 初始作战测试和评估。

美国陆军申请了 780 万美元资金用于新装备的训练、临时合同支持（ICS）和项目管理支持。此外，陆军计划通过国防授权法案 0604270A RDT&E 款目拨款 1440 万美元用于支持"能力投放 4"的持续开发，使这一能力投放尽可能多地参与"士兵接触点"（STP）活动和评估，并为电子战规划与管理工具增量 1 的测试和支持活动提供资金。2022 财年申请 1681.3

万美元研发经费。2022 财年将实现增量 1 全部署决策。其预算信息如表 4
所列。

表 4 "电子战规划与管理工具"项目预算信息　单位：万美元

开支	2021 财年	2022 财年	2023 财年	2024 财年	2025 财年	合计
购买	780	80	—	—	—	860
RDT&E	1440	1700	200	0	590	3930

（五）标准型/轻型战术电子战系统

战术电子战系统是一种全天候战术电子战系统，能够为旅战斗队提供
对多种信号情报活动的探测、定位、识别及对抗能力。战术电子战系统能
够与包括空中大型多功能电子战系统、电子战规划与管理工具以及进攻性
赛博空间作战系统等在内的多种系统集成。"轻型战术电子战系统"
（TEWL）是为轻型旅战斗队打造的装备，其载车是 Flyer 72 轻型战术车。
战术电子战系统标准型及轻型系统均是美国通用原子任务系统公司的产品。
作为对战术电子战系统的补充，轻型战术电子战系统也用于搜集通信情报。
VMAX/VROD 背负式电子战系统可以覆盖 300 兆赫～3 吉赫的频段，VROD
用于搜集通信情报，VMAX 可以进行有限的电子攻击。

三、发展思路

（一）适应多域作战需要，探索电子战和赛博战融合技术

美国陆军最早提出多域战概念，将电子战/赛博战融合摆在"多域战"
作战构想的重要位置，积极发展电子战/赛博战融合作战能力。

由于赛博防御意识的逐渐增强，目前很多作战系统的前端都部署有线

网络防火墙，通过互联网寻求赛博攻击入口越来越困难。因此，美军拟通过射频使能赛博能力项目，探索创新型方法入侵对方网络。大体思路是，通过雷达系统/电子战系统这类向作战系统反馈信号的平台，找到射频入侵切入点，实施创新性赛博攻击。

2020 年洛克希德·马丁公司承担的空中大型多功能电子战系统项目，将采用美国陆军的 C⁴ISR/EW 模块化开放式设备标准，实现赛博/电子战技术的快速研发和部署，不同地面和机载平台之间软件和硬件的互操作能力，新型硬件技术的快速插入，将在单个平台上实现电子战与进攻性赛博战的融合。目前，美国陆军已围绕赛博电子战构想进行了相关实验，并组建了新的战术赛博部队，在地面作战环境中实施射频使能作战。比如，在训练演习中，战术赛博部队使用射频技术先期入侵目标城市闭路电视摄像系统，为作战指挥官提供第一手情报资源，预见地面作战部队在实施作战过程中可能遭遇的情况，并提供敌方目标可能的位置信息。

（二）美国陆军注重电子战装备的"一体化"和"通用化"原则

未来战争中电磁频谱控制权的斗争将会更加激烈，战场上的电磁环境也会更加复杂，以往那种相互独立，功能单一的电子战装备已远远不能适应作战需要，一体化和通用化成为当前电子战装备发展的重点。

为此，美国陆军在发展电子战装备时，开始注重一体化和通用化原则。一体化是指将功能相近、相互关联的数个设备组合成一个系统，从而简化系统，实现信息交互，提高电子战装备的信息综合能力和快速反应能力，以有效应对多种威胁，并持续跟进战场态势，把握战机。通用化则是指电子战系统的设备采用标准化的模块结构，通过组建多种作战平台通用的弹性系统骨架，使不同的系统、设备之间尽可能拥有相同的电子模块，相互之间可以通用，根据战斗需要快速组装成功能各异的电子战装备。

美国陆军作战能力发展司令部陆军研究实验室启动了数个对未来士兵能力至关重要的研究项目，其中"多域作战中的电子战基础研究"项目将电子战能力视为大规模作战和多域作战取得成功的必要条件，而该项目旨在进行基础研究和应用研究，以推动陆军使用电子战的方式发生革命性变化，从单一作战平台转变为攻防兼备的一体化多功能电子对抗系统，实现美国陆军在争夺电磁频谱控制权中的战术优势。

美国陆军同时也在开发标准开放式标准架构（CMOSS），即指挥、控制、通信、计算机、网络、情报、监视、侦察（C^5ISR）/电子战模块化开放标准套件的一部分。2021 年 7 月 26 日，美国陆军在其网络现代化实验中演示了 CMOSS 能力，实验期间，L3 Harris、通用动力任务系统公司、Spectranetix、Trellisware、SRC、Curtis Wright 和柯林斯宇航公司都演示了其 CMOSS 产品。这些系统涉及战术通信能力和新兴波形、电子战和数据加密能力、有保证定位、导航和授时能力，以及 CMOSS 基础设施原型。

（三）依托人工智能发展认知电子战技术

随着现代战场电磁环境越来越复杂，电子战领域对自适应、自动化、智能化要求越来越高。传统的电子战技术在信息化战争中难以确保信息的即时性，在把握战机、预判敌情方面显得力有不逮。作为最具发展潜力的新兴电子战领域之一，认知电子战提供了解决问题的新思路。

认知电子战技术应用前景广阔，既有助于传统电子战系统的转型升级和适应性发展，还对探索信息化战争中的新式电子对抗策略有指导性作用。依托人工智能技术，认知电子战有望解决复杂电磁环境中精准把握战场态势的难题，同时，能够有效克制敌方投入的智能化武器系统。可以预见，随着现代化武器智能程度的不断提高，具备实时动态学习能力的认知电子战技术将成为电子对抗发展的必然趋势和最优选择。为此，美国陆军也一直在注重认知电子战技术的发展。

2020 年 4 月 29 日，洛克希德·马丁公司宣布其在 2020 年 1 月获得美国陆军一份价值 7485 万美元的合同，用于美国陆军大型空中平台多功能电子战，且基于人工智能技术提升系统应对各种威胁的反应速度和灵活性。2021 年 8 月 3 日美国陆军发布"变革人工智能研究与应用"广泛机构公告（BAA），寻求人工智能研发的白皮书和建议书，旨在支持新技术和技术研究转化的方法，进而推动陆军基础研究、应用研究和先进技术研究的确定、调整和应用，为陆军在 2028 年的联合、全域、高强度冲突环境中做好部署、战斗和决胜准备，并保持非正规战争作战能力。BAA 涉及包括基础研究、应用研究、先进技术的 11 个重点领域的开发活动。

四、发展趋势

（一）多域作战将成为美国陆军重要作战模式

美军提出"陆军部队作为联合部队的组成部分实施多域战，夺取、保持和利用对敌军的控制权。陆军部队要威慑对手，限制敌军行动自由，确保联合部队指挥官在多个领域的机动和行动自由"。美国陆军认为，陆军需要具备联合作战要求的多种能力，能够从陆地跨空中、海洋、太空和网络空间等领域作战；还强调美军是联合部队，需要在陆、海、空、太空和网络空间跨域作战，陆军则依赖并支援空中和海上力量。美国陆军力图通过"多域战"拓展作战空间，打造多重能力，提升自身地位作用。多域作战将成为未来美国陆军最重要的作战模式。未来美国陆军多域作战有可能呈现出以下发展趋势：

首先，美国陆军将从陆战向威慑、非战争行动的全谱作战转变。以非暴力为特征的非战争军事行动顺应时代特征，出现的频率越来越高，行动种类不断增多，在社会政治经济生活和国际关系中使用越来越广泛，其重要性也日益增强。

其次，城市作战将成为美国陆军多域作战的主要战场。随着现代技术和城市建设的不断发展，以及城市地位作用的不断提高，在未来高技术局部战争中，城市将成为敌对双方争夺的重点。现代战争中城市作战的重要性不断提高，成为美国陆军多域作战能力的检验手段。

（二）电磁战斗管理将成为电磁频谱作战的重要工具

近年来，美军电磁战斗管理（EMBM）理念逐渐成熟，电磁战斗管理系统不断发展，电磁战斗管理成为现阶段美军提升联合电磁频谱作战能力的重要发展方向。

《JP 3-85：联合电磁频谱作战》指出，美军应充分借助电磁频谱管理与电磁战斗管理这两种管理方式，打造电磁频谱作战相对于传统电磁战的新增益。尤其是电磁战斗管理能力，更是得到了美军的高度重视。《电磁频谱优势战略》指出，美军应"发展鲁棒的电磁战斗管理能力"。并明确，电磁战斗管理是动态监测、评估、规划和指导电磁频谱内作战行动的一个综合框架，以支持指挥官作战概念。

电磁频谱作战最大创新之一就是强调充分借助电磁战斗管理来实现电磁战、信号情报、电磁频谱管理能力的融合与集成。电磁战斗管理所管理的对象是作战行动，而非频谱，一定不能与电磁频谱管理弄混；其目标是辅助决策；手段是动态监测、评估、规划和指导。

在电磁战斗管理的发展期，美国国防部和各军兵种都有相应的项目来促进电磁战斗管理的发展。美国国防部在 2020 财年预算中为全球电磁频谱信息系统（GEMSIS）项目增加了 1200 万美元，以开始基础性电磁战斗管理工作，此外美国国防部已经发展了联合频谱数据库（JSDR）为电磁战斗管理系统提供数据；在美国空军近期的未来电子战需求研究中，将电磁战斗管理作为联合作战的优先事项；美国陆军通过电子战规划与管理工具（EWPMT），不断提升其电磁战斗管理能力；美国海军已经在用其电磁战斗管理系统——实时频谱作战（RTSO）取代原来的频谱管控系统。在这些项目中，EWPMT 和 RTSO 等系统已进行相关试验和部署。美军目前仍处于电磁战斗管理发展期，虽然美国正着力开发电磁战斗管理系统，但都还没有完全部署。参照美军的规划，预计 2025 年后美军可达到电磁战斗管理的成熟期，成熟期的标志是有电磁战斗管理的通用架构和标准，各军种使用统一的电磁战斗管理系统或各系统可实现互联互通和数据共享，电磁战斗管理为联合电磁频谱作战活动提供较大增益，并成为电磁频谱作战的重要工具。

未来的电磁战斗管理将采用数字建模、人工智能、基于云的数据和工具，并将联合全域指控系统与电磁战斗管理的需求进行整合。这种能力可确保为各级指挥部的不同密级提供及时、高质量的信息。

（三）认知电子战将迈入从技术向能力转化的阶段

面对日益复杂多变的电磁环境与国际战场形势，美军为了维持自己在战场上的地位与技术优势，积极开展了多项认知电子战理论与技术研究，并尽快将其应用于实战。美军重视认知能力的发展，通过 BLADE、ARC 等项目的研发使美军在干扰、防护等多方面能够快人一步，面对不同作战环境需求能够快速切换应对措施，实现认知化作战，保证作战稳定性与作战效果。

例如，美国陆军在 2019 年就开始将认知电子战技术集成到装备上，并开展试验验证工作。美国陆军快速能力与关键技术办公室选取 2018 年陆军信号分类挑战赛上的优秀方案，在其基础上开发出一套信号分选智能算法。

该算法已植入美国陆军的"战术电子战系统"中，帮助系统更快、更准确地对复杂战场电磁环境中的信号进行分选，增强电子战支援能力。目前系统已交付部队试用，后续该技术可能在陆军其他系统上得到推广。

目前，美军认知电子战技术仍旧处于高速发展的阶段，多项项目的成功开展使美军的电子战水平处于世界顶尖位置。未来这些项目都将逐步由实验室开发阶段迈向大规模应用阶段，进一步增强美军的作战实力。认知电子战将迈入从技术向能力转化的重要阶段。

（四）量子电子战将成为电子战一个"杀手锏"

2021年3月2日，美国陆军研究实验室的科学家近日表示，他们在量子电子战领域取得了重大突破。他们利用激光束产生高度激发的里德堡原子，从而获得了一个量子传感器来探测整个无线电频谱。在《应用物理评论》上发表的研究结果表明，里德堡传感器可以在高达20吉赫的频率上探测蓝牙、Wi-Fi、AM和FM广播以及其他通信信号。尽管仍然需要进行更多的工程和物理学领域的研究工作，但是，该设备可能为军事通信、频谱感知和量子电子战释放出巨大的新潜力。美国陆军作战能力发展指挥部的凯文·考克斯博士表示，"在之前的研究中，里德伯原子传感器只能探测射频频谱的特定区域，但现在我们首次实现很宽的频率范围内的探测。总的来说，它提供了无与伦比的灵敏度和准确性，可以检测各种敏感任务信号。"可以肯定的是，军事量子技术将改变游戏规则，并在一夜之间彻底改变国防世界。量子通信和密码系统具有内在的安全性和不可破解性，量子雷达可以探测隐身目标，量子计量学将提供不可干扰的导航平台，同样，真正掌握量子电子战的世界强国将使其对手的电子战系统过时。

（中国电子科技集团第三十六研究所 李子富）

DARPA 发布波形捷变射频定向能项目公告

　　近年来，美国高度关注高功率微波武器的发展，提出了多个高功率微波武器项目，对其杀伤机理、武器研发、作战应用等进行深入研究，但仍然面临作用距离不够、效果不稳定等问题。为此，2021 年 2 月，美国国防高级研究计划局（DARPA）启动"波形捷变射频定向能"（WARDEN）项目，重点关注高功率微波武器技术的基础问题，明确作用机理，开发行波管放大器和捷变波形，提升高功率微波武器的实战能力。

一、项目背景

　　高功率微波武器具有攻击距离远、攻击区域广、攻击速度快（光速）、单发成本低、无限次发射等优点，对于获取电磁频谱优势不可或缺。高功率微波武器利用电磁辐射通过天线等（"前门"）或接缝、孔和电缆入口等耦合路径（"后门"）耦合到目标内，摧毁、禁用或破坏目标电子电路。通过"前门"作用距离远，但其有效性仅限于特定类别目标，通过"后门"对多种目标有效，但由于当前使用的微波源频率固定，电磁耦合效率低，作用距离受限。

DARPA 此次启动的 WARDEN 项目针对高功率微波武器发展面临的问题，寻求研发高功率微波放大器产生足够强的电磁辐射，通过捷变波形与宽带高功率放大技术结合，降低目标对"后门"攻击的敏感度阈值，显著扩展高功率微波武器的作用距离和效能，力图提高战场适应能力和实战化水平。

二、项目内容

（一）项目概述

WARDEN 项目聚焦高功率微波武器的基础技术研究，对作用机理和过程进行建模与仿真，拟设计出最优的波形，降低功率需求、提高多目标适应性，以解决作用距离不够、效果不稳定等问题，将高功率微波武器"后门"攻击距离扩大至目前的 10 倍。

项目力图解决三大技术挑战：一是稳定、高功率、宽带放大技术；二是预测电磁耦合到复杂元件外壳的理论和计算工具；三是确定并利用电子系统漏洞的预测工具和捷变波形技术。项目包括三个技术领域：高功率宽带微波行波管放大器、电磁响应的快速评估和数值生成、捷变波形开发。

（二）研究内容

1. 稳定的高功率宽带微波行波管放大器

开展放大器峰值和平均功率处理、宽带输入输出耦合器设计、宽带真空窗设计、热量管理、分析放大器非线性引起的波形失真及测试等研究内容，开发稳定的高功率、宽带微波行波管放大器，为演示提供满足可瞬时频率扫描、捷变波形评估要求的放大器，为提升高功率微波武器的"后门"

攻击效能研究提供微波源。

2. 电磁响应的快速评估和数值生成

开展时域理论分析、建立混合模型开发框架、建模及程序开发、混合仿真框架的集成和验证、支持使用捷变波形的交战分析等内容，开发基于物理的建模方法及模型，快速预测捷变波形电磁耦合到复杂外壳中的内部电场空间分布，模型预测结果将与测量的数据进行比较和验证，为模拟具有不种尺寸和多种材料成分的目标、预测结构内部和外部位置电压和电场提供工具，提高电磁耦合到复杂外壳的快速预测能力，为高功率微波武器"后门"攻击提供模拟环境及工具。

3. 操作高功率微波系统使用的捷变波形技术

开展物理模型开发、可扩展的集成电子设备开发预测建模方法和波形技术、针对基础电子产品效果优化的捷变波形、演示波形生成的综合方法等内容研究，开发基于物理的计算工具，创建和实验验证的捷变波形技术，将多种频率与幅度和脉宽调制相结合，以最大限度地对电子设备产生破坏性影响。波形技术总体有效性通过对特定电子目标的微波暗室测量进行实验验证，指定具有代表性的电子系统、印制电路板和电子元件类别作为模型验证的关键目标，通过与测量数据比对评估和验证，并将其扩展到更广泛的目标系统类别，进一步提高高功率微波武器使用捷变波形技术对目标毁伤的预测能力。

（三）计划安排

项目 2021 年 10 月正式开始，为期 48 个月，每个技术领域分三个阶段。其中第一阶段 12 个月、第二、三阶段分别为 24 个月和 12 个月。投入总经费约为 5100 万美元，研究里程碑节点和技术要求如表 1 所列。

表 1　WARDEN 项目研究里程碑节点和技术要求

研究领域	2022 财年	2023 财年	2024 财年	2025 财年
	第一阶段（12 个月）	第二阶段（24 个月）		第三阶段（12 个月）
高功率行波管放大器	初步设计及评审	详细设计及评审、研制、初步演示		结合捷变波形演示
电磁响应的快速评估和数值生成	时域理论初步开发、建立混合模型开发框架	建模及程序开发（模型验证、复杂的测试外壳的测量数据比对验证）		混合仿真框架的集成和验证
捷变波形开发	初步模型开发和针对基础电子产品效果优化的捷变波形演示	扩展的集成电子设备开发预测建模方法和波形技术		使用前几个阶段的结果来演示波形生成的综合方法

这三项研究领域既具有一定的独立性又相互包含，既涉及高功率微波技术的基础性问题，又涉及作战应用问题，显示了美军高功率微波技术未来研究寻求突破的方向。

（四）项目进展

根据 DARPA 发布的 2022 财年预算，WARDEN 项目 2021 财年预算为 600 万美元，目标是对现有的电磁耦合理论方法和相关计算模型进行分析。2022 财年预算为 1500 万美元，目标是开发时域电磁耦合理论并展示早期概念计算模型，完成通过 3D 模拟确认的宽带放大器设计，并制作宽带放大器。

2021 年 8 月，DARPA 发布"电磁耦合的时域快速建模"项目公告，该项目涉及 WARDEN 的电磁响应快速评估与数值生成技术领域，目标是开发计算工具以快速模拟电磁波形与复杂外壳的耦合，并预测内部电场的时空分布。

2021 年 12 月，DARPA 授出 WARDEN 项目首份合同，选择埃皮鲁 (Epirus) 公司开发软件算法、源代码和人工智能模型，帮助操作员在几分钟内探测到电磁威胁。该合同属于"电磁耦合的时域快速建模"项目的一部分，所提出的模型将能够在商用计算机上运行，实现更广泛的最终用户接入，并且还计划使用模块化结构实现可扩展性。

三、几点分析

WARDEN 项目是美国在开展了几十年高功率微波武器技术研究后针对存在问题而提出的，具有针对性和继承性。

（一）以项目需求为牵引，驱动高功率微波武器技术创新发展

项目公告要求拟提议的技术方法具备创新性、可行性、可实现性和完整性，这突出了 DARPA 进行关键的早期技术投资以创造或防止技术突袭的使命特征。WARDEN 项目是根据作战应用需求倒推关键技术研究的典型，寻求开发宽带高功率微波行波管放大器作为后门攻击首选技术。宽带高功率微波行波管放大器与捷变波形相结合，通过频率捷变、波形调制最大限度地提高电磁耦合效果，达到高效干扰和毁伤敌方电子系统的目的，打破了当前高功率微波武器仅通过发射功率、重复频谱及改变脉宽等提升作战效果的模式。

（二）基于基础性研究，推动高功率微波武器快速实用化

DARPA 早期启动"超能力真空电子高功率放大器"（HAVOC）和"创新真空电子科学与技术"（INVEST）项目，旨在开发紧凑、高功率、宽带毫米波行波管放大器，重点研究建模和仿真、电子发射机理、高电流发射

密度、新型组件、长寿命阴极和先进制造等技术。WARDEN 项目中的行波管放大器研究将在这两个项目前期探索研究的基础上开展频率捷变、波形调制等研究，开发物理仿真模型，可模拟改变微波发射功率、频率、波形及目标的形状、大小、材料等参数，快速得出电磁波作用在目标上的电流、电压分布及能量聚集等不同情况，对于加快对目标毁伤机理、毁伤效能的研究，降低高功率微波武器的试错成本，推动高功率微波武器实用化具有十分重要的作用。

（三）项目有望大大提升高功率微波武器的实战化能力

项目预期目标实现后，高功率微波武器的战场适应能力和实战化能力将大大提升。从部署平台看，捷变波形和更低的功率需求可以使高功率微波部件进一步缩小尺寸和重量，使其可以在陆基、海基、空基（机载、弹载）甚至天基各种平台上使用，同时降低自身平台电磁脉冲防护方面的需求。从作战运用看，高功率微波武器更灵活的部署方式、更远的作战距离和更好的作战效能可以极大丰富其作战运用方式，例如作为综合防空反导体系的一部分，远距离反制各种精确制导武器、无人机等；或搭载在进攻平台上，干扰敌方的雷达、通信、指控系统等。此外，项目开发的评估模型有助于解决高功率微波武器的作战效能评估问题，针对不同目标或同一目标不同层级（系统级、子系统级、元件级等）的具体效能都能有定量的数值分析，进一步提高高功率微波领域武器化程度。

（四）项目在耦合原理、相互作用等方面仍面临巨大挑战

由于存在增益、频率不稳定性和容易振荡的问题，开发与制造大功率宽带放大器仍然非常困难。此外，输入/输出耦合器和高功率真空窗也可能存在问题。项目面临的最大挑战是开发计算效率高的时域模型，该模型可以模拟电磁波与各种尺寸和材料特性特征的大型结构的相互作用。目前基于有限元和有限差分离散化的确定性方法虽然具有较高的空间分辨率和精度，但密集的网格划分使得这些方法的计算量很大，解决中等复杂度问题也需要很长的计算时间，无法在战场所需的较短时间内完成耦合分析和波形优化所必需的多次作业。此外，开发捷变波形也面临着较大的挑战，由于缺乏具有足够功率、带宽和线性度的放大器来利用捷变波形，目前对高功率微波的捷变波形还缺乏研究。如果可以开发基于物理的计算工具，预测高功率微波对电子设备的影响，就可以由此创建灵活的波形技术，对对手电子设备产生最具破坏性的影响。

（中国电子科技集团发展战略研究中心　李硕）

（中国电子科技集团第三十六研究所　王一星）

太空成为电子战发展的热点领域

空间军事化的高速发展，使得外层空间逐渐成为当今世界各国维护国家安全和切身利益的战略制高点。作为国家夺取制太空权的重要战略手段之一，太空电子战已成为世界各国关注的焦点。

一、主要国家太空电子战发展战略

目前，几乎所有的作战系统，包括定位、导航、授时、侦察监视、测绘遥感、通信传输等，都高度依赖太空资源的关键支撑。因此各国正努力开发太空对抗能力，保护本国的太空系统，欺骗、破坏、拒绝或摧毁敌方的太空系统，确保赢得太空优势。太空电子战能力是太空对抗能力的重要组成部分，发挥着独特的作用。美俄两国在太空电子战领域进行了大量投资，已研制出了成熟系统。

（一）太空电子战成为美军太空对抗能力的发展重点

在 2020 年 6 月 17 日美国国防部首次公布的《美国国防太空战略概要》中，美军对太空的战略定位发生了重大变化，从过去的战略支援领域转变为一个独特的作战领域。目前美军正在发展的"联合全域作战"概念涉及空中、陆地、海上、太空、网络和电磁频谱,与原有作战概念相比,其中最大的区别是网络和太空这两个领域的加入。从美军太空部队的设立、战略和训练等方面都可以看出,太空电子战已成为美军进行太空作战的发展重点。

美军已于 2020 年 10 月 21 日正式成立了太空作战司令部(SOC),其主要职责是训练太空军部队,形成战备能力以支持美国的太空司令部,下属9 支德尔塔部队以及 2 个负责保障的卫戍部队。其中位于皮特森(Peterson)空军基地的第 3 德尔塔部队负责太空电子战,包括训练、展示、准备太空电子战部队,以支持指定的任务。

2021 年 4 月,美国智库"大西洋委员会"与斯考克罗夫特战略与安全中心共同发布了一份研究报告《美国未来 30 年太空安全战略》。该报告对未来 30 年美国在太空安全领域的战略进行了预测性研究,同时建议美国应该优先发展的航天关键技术,包括小型卫星星座技术群、作战响应空间(ORS)技术群、动力和推进系统技术群、在轨服务技术群,以及新兴的太空防御技术。在新兴的太空防御技术领域,该报告建议为美国应该为其最有价值的卫星及其下行地面站开发和部署电磁对抗措施。天基电子战防御是对抗干扰和动能攻击的首要任务。直接入轨式和在轨反卫星武器都依赖于末制导,这种末制导可以由电子战系统来进行干扰。美国应该集中精力发展电磁防御,以应对太空威胁。

2021 年 1 月 5 日,美军开始进行"红旗21-1"联合演习。该演习聚焦大国竞争,强调联合全域作战中的太空训练,包括太空电子战能力。在演习中,美国太空军负责提供天基攻防能力,由第 26 太空侵略者中队负责操作 GPS 干扰系统和卫星通信干扰系统,以在训练和测试中模拟敌方对美方太空系统和依赖太空的系统可能产生的威胁。

（二）俄军重点发展陆基反太空干扰系统和电子侦察卫星

在陆基反太空干扰系统方面。俄罗斯已经具备针对全球导航卫星系统（GNSS）、通信卫星、合成孔径雷达（SAR）卫星的反卫星电子战装备。目前俄罗斯已经拥有固定式和移动式两类 GPS 干扰系统。固定式 GPS 干扰系统典型装备有"田野"－21 干扰机。移动式干扰系统典型装备包括 R－330Zh"居民"和"鲍里索格列布斯克"－2。据称，俄罗斯已经在叙利亚和乌克兰使用了这些装备。俄罗斯还有两种专门用于干扰通信卫星上行链路的电子战系统，分别是"蒂拉达"－2S（Tirada－2S）电子战综合体和"勇士赞歌"－MM（Bylina－MM）电子战系统。在雷达卫星干扰方面，俄罗斯具有"克拉苏哈"－4 移动电子战系统。该系统是一种广谱强噪声干扰平台，能够对抗美国 E－8C 预警机、"捕食者"无人侦察攻击机、"全球鹰"无人战略侦察机，以及"长曲棍球"系列侦察卫星。

在电子侦察卫星方面，俄罗斯于 2021 年 6 月 26 日发射了"介子 NKS"（Pion－NKS 901）卫星。该卫星与 2014 年和 2017 年分别发射的两颗"莲花"－S 电子侦察卫星共同组成了俄罗斯"藤蔓植物"（Liana）卫星星座，用于替换两颗由苏联发射的"处女地"（Tselina）电子侦察卫星，其中"莲花"－S 主要负责对地基目标进行侦察，而"介子 NKS"则负责对海上目标进行侦察。

二、2021 年太空电子战的发展

2021 年，除了美俄继续发展太空电子战能力外，澳大利亚的太空电子战项目也进入了新的阶段。此外，韩国也开始重点关注太空态势感知能力。

（一）美国太空开发局寻求天基战术级电子战支援能力

美国国防部空间发展局（SDA）目前正在建立一个新型的，以军事为中心的通信和网络化系统，这为美国空军从空间获取战术级电子战支持能力打开了大门。该系统称为国家防御空间结构（NDSA），主要用于探测、识别和制止潜在的地面和天基威胁。NDSA 将具备传统的电子战能力，如天基反情报、侦察和监视（ISR）等。

（二）L3 哈里斯公司升级陆基反通信系统

L3 哈里斯技术公司获得美国太空军一份价值 1.207 亿美元的合同，计划于 2025 年前升级 16 部分别部署在科罗拉多州彼得森太空军基地、加利福尼亚州范登堡太空军基地、佛罗里达州卡纳维拉尔角太空军站，以及海外秘密地点的反通信系统 Block 10.2。为应对他国电子战干扰机对美国卫星的干扰，美国空军已于 2004 年首次部署反通信系统，并于 2014 年开发升级版的反通信系统 Block 10.1。反通信系统 10.2 版本已于 2020 年 3 月部署，该系统也成为美国太空军的首款进攻性武器系统。

（三）澳大利亚小型在轨电子战传感器系统项目进入第三阶段

澳大利亚 DEWC 系统公司的小型在轨电子战传感器系统（MOESS）项目已进入第三阶段。该项目旨在开发一种搭载了射频传感器的低轨立方体卫星星座，并利用人工智能等技术对通信信号及雷达信号进行检测、测量和分类。第三阶段的研发目标是将射频传感器的技术成熟度提升到 8 级，完成系统在轨演示，包括最终的子系统开发、平台集成与发射等。项目计划2022 年底或 2023 年初至少发射 2 颗 SP2 立方体卫星，并测试这些卫星的相互通信与协同能力。

（四）俄罗斯成功发射介子 NKS 电子侦察卫星

俄罗斯于 2021 年 6 月 26 日在普列谢茨克发射场通过"联盟"2.1b 火箭成功发射了介子 NKS 电子侦察卫星。该卫星运行在 500 千米高、67°倾角的轨道上，质量 6.5 吨左右，设计寿命 4～5 年。介子 NKS 卫星包含两套载荷，分别是 4 根无源信号采集天线和 2 台天基雷达。载荷代号为 14V121 或 Musson－LS。Musson－LS 载荷包括一个代号为 14V228 的有效载荷和一个代号为 11V521 的合成孔径雷达（SAR）。14V228 使用 4 根天线接收宽带和窄带信号，并可以与雷达载荷"分时"工作。该载荷通过接收船只的雷达信号来确定其位置和类型。另一套载荷系统为 11V521 雷达系统。该雷达有 2 个安装在卫星两侧的天线，直径为 12.1 米，焦距为 5 米。雷达系统用于协助无源电子情报系统确定海上船只的位置和类型。

（五）美韩联合太空演习重点关注太空态势感知

2021 年 10 月 27 日报道，美国太空军和韩国空军将举行联合太空演习，旨在加强双方的太空态势感知能力。韩国空军正在建设包括光电卫星监视系统、太空气象预报和预警系统以及侦察卫星在内的太空态势感知（SSA）基础设施，预计于未来 5 年左右全面投入使用。韩国卫星导航系统（称为韩国定位系统/KPS）将在 2035 年与美国合作建立，该系统将包括 3 颗地球同步轨道卫星和 5 颗倾斜地球同步轨道卫星，都可与美国太空军 GPS 卫星进行互操作。根据韩国 2020 年发布的"太空奥德赛 2050"战略，韩国空军将于 21 世纪 20 年代末在其太空资产中增加卫星激光跟踪系统、太空目标激光跟踪系统、小型卫星发射器和卫星干扰系统，以获得全面的太空监测能力和有限的太空军事行动能力。

三、几点认识

（一）太空电子战是太空对抗能力的重要组成部分

与常规火力作战相比，以电磁能为攻击手段的电子战在截获目标、把握战机、实施打击各方面都具有更高的作战时效性，实施一次有效打击可能只需几毫微秒。在应对空天飞机等高超声速目标时，电子战的高时效性特点将有助于应对此类太空"时间敏感"目标，在快速反应、捕获瞄准、打击加固目标的能力上具有明显优势。直接入轨式和在轨反卫星武器都依赖于末制导，这种末制导可以由电子战系统来进行干扰，以此来保护天基系统。电子侦察卫星可以不受地域或天气条件的限制，大范围、连续性地长期监视和跟踪敌方雷达、通信等系统的传输信号，是情报侦察中必不可少的手段。

（二）重点发展太空电子攻击能力

随着电子战向新型作战空间渗透，不断创新的电子战形式和不断拓展的太空作战领域，促使太空电子战优势由传统战争的防御方转向攻击方。由于太空主权的开放性和卫星轨道全球覆盖的特性，太空目标面临严峻的生存威胁。为有效应对这种威胁，除了加强平台防护和开发抗干扰链路外，更应注意提前预警和有效防御。但是快捷主动的防御机制必须建立在两个前提之上：一是必须准确预测攻击的特性，才能瞬间识别并准确预警；二是能够对可能的威胁做出有效的自主防御调适，同时保证即使预警错误，也不会造成更大的不良影响。从目前美国、俄罗斯等太空技术强国的发展现状来看，两个前提都难以达成，后者则具有更大的技术难度。一旦攻方目的达到，打击效果对太空目标来说将是致命性的，即使可能修复，也需要冗长的周期并付出高昂的代价。

（三）发展小型卫星平台抵近攻击技术

与传统大型卫星相比，小型卫星具有研发成本低、应急能力强、功能模块化、组网迅速等诸多优点，拥有更高的战术技术性能。技术成熟后甚至可以用战斗机进行空中发射，极大地增加了发射的机动性和灵活性。小型卫星、微型卫星甚至是毫微型卫星技术特别适合电子战的抵近攻击，发射小型电子战卫星群对目标航天器进行伴飞，通过搭载高能激光和高功率微波等定向能设备或电磁轨道炮、大功率干扰机等杀伤载荷，完成摧毁或致盲的攻击任务；或者在小卫星平台上搭载电子干扰载荷，干扰或欺骗敌方电子侦察卫星、雷达卫星等，这无论在战时还是和平时期都能发挥重要作用。

（中国电子科技集团第五十一研究所　苏建春　于晓华）

美国海军光学致眩拦截系统首次部署

2021 年 7 月 12 日，美国海军公布了一组"奥丁"（ODIN）光学致眩拦截系统的图片，如图 1 所示，披露的信息显示"阿利·伯克"级（DDG 51）导弹驱逐舰"斯托克代尔"号（DDG 106）已安装该系统。随后，"斯托克代尔"号与已于 2019 年末安装"奥丁"的"杜威"号导弹驱逐舰分别

图 1　美国海军新型激光炫目器系统细节图

于2021年8月28日和9月8日随"卡尔·文森"号（CVN-70）航空母舰抵达日本横须贺，在美国第7舰队作战区进行轮换部署，以增强与合作伙伴的互操作性，并作为准备响应的部队支持印太地区。这是美国海军激光武器首次在亚洲部署。

"奥丁"系统的开发、测试和生产由位于美国弗吉尼亚州达尔格伦市、专门从事激光技术的海军水面作战中心（NSWC）达尔格伦分部进行，项目研发还处于保密阶段，未公开过具体参数信息，作为美国最先上舰的"海军激光系统族"（NLFoS）项目中的低功率系统，"奥丁"一直蒙着一层神秘的面纱。

一、发展历程

在持续发布的美国海军定向能和电子武器系统财年计划中可知，"奥丁"的项目名称为海军激光应用9823，最初为"劳斯"（LaWS）系统研制激光器，2014年后名为"低功率模块"（LPM），2018年更名为"奥丁"。

（一）概念验证阶段

在2005—2007财年间，海军激光应用项目9823A获得投资用于激光束转换技术的工程与应用，目的是完成之前采购的两种激光器的光束合成，提供和演示射程更远的30千瓦激光武器能力，支持加速"劳斯"系统的技术研发与测试。

2010财年，海军激光应用项目9823获得500万美元预算支持"太平洋风帆"概念样机系统的开发和演示。"太平洋风帆"项目利用激光为海军开发了一种陀螺稳定的多任务光学系统，作为"概念验证"能力用于评估支持战术舰船防御需求。这次海上测试和分析用于展示在支持信息作战、近程舰船防御/自卫、远程跟踪和成像、战斗识别和威胁评估方面的作战效能。

（二）系统研发阶段

在 2015 财年中看到 2014 财年的投资为 400 万美元，完成了固体激光器"低功率模块"规范/能力需求研发，研发了低功率反光电红外能力的整体系统和测试台。系统工程师研发的低功率模块光电/红外和中波红外系统规范以及软硬件和固件模块可与固体激光器技术成熟系统接口，提供在战术距离致眩情报、监视和侦察传感器的能力。

2015—2017 财年每年各有八九百万美元投资，用于固体激光器"低功率模块"研发。其中，2015 财年提出"低功率模块"用于阻止、破坏或摧毁包括火箭弹、导弹和无人机的不对称威胁。不同功率等级的固体激光器武器系统可以在低功率下阻止或致盲情报、监视和侦察系统，并摧毁搭载它们的平台。在 2016 财年提出"低功率模块"用于致眩无人机。这三年时间基本完成了"低功率模块"样机测试分析和子系统集成测试。

（三）系统研制及验证阶段

"低功率模块"于 2018 财年更名为"奥丁"开始研制，财年预算上涨到 3000 万美元级别，总共将开发采购 8 个独立机组，提供舰载反情报、监视和侦察能力，致眩无人机和其他平台，提高增强的情报、监视和侦察与战场损伤评估能力，满足部队紧急作战需求。其中，2018 财年项目启动，拨款金额最多，达到 4400 万美元。2019 财年稍微降低至 3200 万美元。因为建造最终系统的工程开发、集成和测试/认证的主要任务在 2019 财年完成，因此，2020—2021 财年的拨款减半，这些资金用于安装在船上的"奥丁"系统的最终组装和检验。

但由于"奥丁"是同类激光系统中的第一个，非经常性工程（NRE）成本显著增加，激光器、快速转向镜、线路可更换单元、控制软件、安装了光学系统的望远镜以及用于万向节和精细跟踪照相机的发动机控制单元和驱动组件需要新的技术开发工作。同样，由于系统的复杂性，软件开发从 20K 代码行增加到 42K 代码行，成本增加了 700 万美元。包括安装控制图纸、舰船安装图纸和系统安装成本在内的平台集成成本是预计的 3 倍。"奥丁"安装所需的甲板下的工作量比最初计划更多。测试新开发的能力需要更多数量和更高质量的飞机和测试目标以及随后的数据分析用于验证必要的系统能力。因此，2021 财年的投资增加到 3400 万美元。"奥丁"原计划的低成本目标并没有实现，每个"奥丁"系统（仅材料）的成本约为363 万美元，8 个单元共计 2900 万美元。

二、最新发展动向

（一）初露端倪

在美国国会研究处持续更新的《海军激光/电磁轨道炮/超高速炮弹发展现状与问题的国会咨询报告》中，2019 年 5 月 17 日版本首次在"海军激光系统族"（NLFoS）项目中出现光学眩目拦截器"奥丁"，并显示 2020 财年预算为 19.9 万美元。之前的版本中并没有提到过美国海军定向能和电子武器系统财年计划中的海军激光应用 9823 或"低功率模块"。

2019 年 11 月 21 日版本中，通过一张博客发布的照片推测安装在"阿利·伯克"级驱逐舰"杜威"号（DDG-105）甲板前面的神秘激光转台可能为"奥丁"，被称为是安装在美国海军驱逐舰"杜威"号上的神秘激光转台。

（二）装备定型

2020 年 4 月 2 日版本中单独出现了"奥丁"的产品概述，呼应了美国海军定向能和电子武器系统财年计划中的几项内容：①2018 年开始研制，两年半安装，是 2014 年安装在"庞塞"号上的 30 千瓦的"劳斯"的继承者；②由政府设计、开发和生产的独立系统的首次实际应用，对抗无人机的激光眩目系统；③美国海军用于对抗巡航导弹的高能激光武器"高能激光对抗反舰巡航导弹项目"（HELCAP）将从"奥丁"的工作中获得提供反情报、监视和侦察（ISR）技术和舰队作战的知识。

2020 年 10 月 5 日版本中增加了"奥丁"的近距离图片以及 2020 年 5 月第一套"奥丁"系统安装在"杜威"号驱逐舰上的报道。

2020 年 11 月 17 日，美国海军作战部长迈克尔·吉尔戴上将访问海军水面作战中心达尔格伦分部期间听取了有关"奥丁"－"高能激光对抗反舰巡航导弹项目"技术过渡的简报。11 月 19 日迈赫迪的博客显示两个项目之间的质量、尺寸和扭矩的比较，如图 2 所示，质量从 530 磅（240.4 千克）增加到 795 磅（360.61 千克），制动扭矩从 250（牛·米）增加到 2300（牛·米）前者的驱动器尺寸增大以满足后者需求。

	ODIN	HELCAP
质量/磅	530	795
直径/英寸	9.25	17.6
口径/英寸	30.5	38.5
最大扭矩/（牛·米）	1900	3250
制动扭矩/（牛·米）	250	2300

图 2　美国海军作战部长迈克尔·吉尔戴上将访问海军水面作战中心达尔格伦分部揭示了"奥丁"－"高能激光对抗反舰巡航导弹项目"过渡计划

（三）演习演练

2021 年 7 月 7 日版本中称"奥丁"已经安装在 3 艘"阿利·伯克"级驱逐舰上了，这将有助于在训练和操作过程中测试该系统。"奥丁"是洛克希德·马丁公司"海利欧斯"（高能激光与集成光学眩目器和监视，HELI-OS）的一部分，经过充分测试，将转移到"海利欧斯"计划，作为该计划中的"光学眩目器"。大部分"奥丁"团队已经与洛克希德·马丁公司的"海利欧斯"团队合作帮助确保技术的顺利转移。该版本中还显示"奥丁"2022 年预算为 950 万美元。

2021 年 8 月 2 日版本更新了"奥丁"的图片，一张为"奥丁"安装在"斯托克代尔"号上，如图 1 所示。另一张为"奥丁"在美国海军水面作战中心达尔格伦分部测试，如图 3 所示。

图 3 "奥丁"在美国海军水面作战中心达尔格伦分部测试

三、未来发展规划

美国海军定向能和电子武器系统财年计划对"奥丁"的定义是提供近期、定向能、舰载反情报、监视与侦察能力，致眩无人机和其他平台，满足舰队的紧急作战需求。它由政府部门（美国海军水面作战中心达尔格伦分部）设计、研发和生产，为 DDG 51 级舰船提供单独的单元。

通过 2018—2021 年美国海军定向能和电子武器系统财年计划中的年度进展概况（表 1），可以看出"奥丁"主要由低功率激光器、光束定向器（望远镜、光学器件、快速转向镜）、传感器（粗跟踪、细跟踪及情报、监视和侦察成像）、网络交换机和控制终端等组成。

表 1　美国海军定向能和电子武器系统财年计划中"奥丁"系统

年度进展概况

财年	"奥丁"系统进展概况
2018 财年	完成系统工程的初始设计，并启动瞄准和俯仰能力、指示/跟踪安装和相关波束控制软件的详细设计； 对系统组件进行技术设计审查； 采购并集成传感器组件（跟踪照明激光器和战场损伤评估（BDA）激光器），用于 1 号和 2 号机组，并执行组装和检验； 采购并开始建造 3 号、4 号和 5 号机组； 为 DDG51 级船舶进行船上集成、安装工程和文件编制； 每个单元包括光束指示器（望远镜、光学镜头、快速转向镜）、低功率激光器（2 个）、传感器（粗跟踪、细跟踪及情报、监视和侦察成像）、计算机机架、网络交换机和便携式计算机

财年	"奥丁"系统进展概况
2019 财年	进行完整的系统集成、测试和认证，包括电磁干扰、系统可操作性和安全性； 完成船上文件编制、交付，并对船员进行培训； 在指定的 DDG51 级船舶上交付 1 号和 2 号机组，并支持船上作业； 完成 3 号、4 号和 5 号机组的采购和建造并进行组装和检验以及集成； 采购并开始建造 6 号、7 号和 8 号机组
2020 财年	在指定的 DDG51 级船舶上安装 3 号、4 号和 5 号机组，并启动船上测试和检验； 完成船上测试和检验，进行系统移交，并支持 3 号、4 号和 5 号机组的船上操作； 进行系统集成、测试和验证，包括电磁干扰、系统可操作性以及 6 号、7 号和 8 号机组的安全性。完成 6 号、7 号和 8 号机组的采购和建造并执行机组的组装和检验以及集成； 开始维护 1 号和 2 号机组
2021 财年	开始安装 5 号机组； 启动 3 号机组的运行和维护； 继续 6 号、7 号、8 号机组的系统集成、测试和认证、系统可操作性和安全性，启动船上文件和培训开发。完成 6 号和 7 号机组采购、组装、检验、集成和测试。启动 8 号机组的组装、集成和检验； 进行安装、船上测试和检验，进行系统转换，支持船上操作 4 号机组； 操作和维护 1 号～5 号机组
2022 财年	完成 4 号、6 号机组的安装和检验； 启动和完成 7 号机组的船上安装和检验； 继续系统 8 号机组系统集成、测试和认证、系统可操作性和安全性，完成初始安装和检验； 提供在职工程代理（ISEA）支持，包括操作员和维护人员培训、操作和维护手册。 操作和维护 1 号～7 号机组

结合 2021 年的公开报道，确认了"奥丁"的集成厂商为美国 VTG 公司，美国海军水面作战中心休尼姆港分部选定该公司在未来 3 年为 5 艘"阿利·伯克"级驱逐舰安装和集成"奥丁"。美国海军达尔格伦分部还设计了一种基于人工智能的激光火控决策辅助工具，在海军舰艇防御面临的复杂决策空间，为操作人员提供有效的作战方案。

四、几点认识

（一）承上启下，探索美国海军激光武器发展路线图加快实用化进程

作为美国"海军激光系统族"项目中功率最低的"奥丁"基于 30 千瓦级的"劳斯"，不但是 60 千瓦级"海利欧斯"的一部分（已移交部分工作），还为 300 千瓦级"高能激光对抗反舰巡航导弹项目"提供反情报、监视和侦察技术以及舰队作战的知识。这些项目目前虽未实现装备列装，但极大地促进了其实战化研发进程。同时，通过频繁上舰试验验证的工程实践，对其舰载激光武器发展目标、技术现状、体制路线、任务定位、应用模式与能力预期等，认识更趋合理清晰，并基此不断调整与优化，探索适于美军未来作战体系的舰载激光武器发展路线图。

（二）灵巧便捷，适于海陆机动部署非武力对峙地区实施战术威慑

虽然美国海军热衷追求硬打击的高功率激光武器，但高功率必然会使体积、重量和成本增大，随着无人机、小艇和火箭弹等"非对称"威胁的不断增大，其毁伤距离仅为千米级，低功率的软杀伤方式可以致眩无人机等威胁，降低其情报、监视和侦察能力，而且更容易短期形成初始作战能力。"奥丁"就是在两年半时间里，从想法转变成为可安装系统。与其他高功率激光武器相比，"奥丁"在体积、质量和成本方面都有优势。与集成在

舰上的"海利欧斯"不同，"奥丁"是一个独立运行的系统，便于机动，理论上可大量快速部署在舰上、车上或陆地，在不能用武力对抗的区域发射低能激光进行致眩干扰，悄无声息地实施战术威慑。

（三）多种功能，从单一作战目标和作战方式向多功能集成转变

在2021年7月12日美国海军公布最新图片的报道中提到，"奥丁"还包括一个高功率摄像机系统，除了用于眩目系统的瞄准作用之外还可有其他应用。在图1最新公布的"奥丁"细节图中，激光干扰探测器有4个光学窗口，其中较大的窗口推测是用于稳定跟踪的，稍小一些的是激光眩目器，另外两个小光学窗口推测是测距用的（一个用于发射，一个用于接收），这两个小窗口也有可能一个是测距用的，另一个是发射其他波段激光。"奥丁"目前已部分移交给"海利欧斯"，"奥丁"致力于中低功率多种功能，"海利欧斯"注重舰上集成。目前公布的"海利欧斯"三种功能中，除了高能激光硬杀伤外，远程情报、监视和侦察能力以及反无人机情报、监视和侦察能力均由"奥丁"实现。由此可见，美国海军未来将发展中低功率干扰与高功率对抗相结合的多功能激光对抗装备。

（四）智能应用，推动激光反无人机及无人机防激光技术发展

无人机和无人舰船的快速发展，使美国海军舰艇陷入用导弹打不合算、用密集阵还可能打不着的郁闷境地。使用激光照射，耗电少、费用低，还不用考虑备弹量。另外，反舰导弹开始安装双模导引头，雷达被干扰后，红外导引头还能锁定目标，用激光照射致盲会使其突防难度增大。因此美国海军急切部署激光眩目系统，特别是在对手是无人机技术先进的区域。然而当多功能的"奥丁"与高功率海军激光武器以及舰上的动能武器一起面临复杂作战场景时，威胁往往出乎意料，反应时间非常有限，因此美国海军将人工智能应用于激光武器的自动火控决策辅助，将提高舰船防御手段对抗无人机等威胁的敏捷性和有效性。首次部署亚洲的"奥丁"可干扰对手的光电系统以及红外探测系统功能，对无人机等造成巨大打击，这将推动激光反无人机技术的发展，也会促使各国开始思考无人机应对激光照射的方法。

五、结束语

综上所述，结合美国海军发布的图片和预算文件，"奥丁"可能正在接近基本运行状态。海军研究办公室计划到2023年一共在8艘驱逐舰上部署"奥丁"系统。"奥丁"是将在未来十年部署的功能越来越强大和致命的激光系统的第一步。预计在不久的将来会看到更多配备激光系统的美国海军舰艇，而"奥丁"只是为提供多种不同功能而开发的系统之一。

（中国电子科技集团第五十三研究所　张洁　丁宇）

附　录

2021 年网络空间和电子战领域科技发展十大事件

一、美国国防部发布《反小型无人机战略》

2021 年 1 月，美国国防部对外发布《反小型无人机战略》（以下简称《战略》）。该《战略》由美国陆军成立的联合反小型无人机办公室牵头制定，旨在应对当前及未来呈指数增长的小型商用和军用无人机威胁。作为一部国防部层面的顶层战略，该《战略》分析了美军在美国本土、东道国（即作战国）和应急行动地区 3 种作战环境下所面临的小型无人机威胁，构建了一个包含"目标 – 方针 – 实施路线"的整体框架，以推动美军联合反小型无人机体系建设。

二、美国国防信息系统局发布《国防部零信任参考架构》

2021 年 5 月，美国国防信息系统局（DISA）在其官网上公布了《国防部零信任参考架构（DoD ZT RA）》1.0 版，为国防部大规模采用零信任设定了战略目的、原则、标准及其他技术细节，旨在增强国防部网络安全并在数字战场上保持信息优势。该参考架构明确指出国防部下一代网络安全架构将以数据为中心，基于零信任原则。

三、美国陆军发布新版 FM‑12《网络空间行动与电磁战》条令

2021 年 8 月，美国陆军发布了新版 FM3‑12《网络空间行动与电磁战》条令，取代了 2017 年出版的条令。新版 FM 3‑12 诠释了美国网络空间行动与电磁战的基本原理、术语和定义，描述了指挥官和参谋人员应如何将网络空间行动与电磁战集成到统一的地面作战中，为美国陆军从事网络空间与电磁战的各级指挥员和参谋人员提供顶层指导。

四、高功率微波武器成为对抗无人机蜂群的重要手段

2021 年 2 月，美国陆军在科特兰空军基地对空军研发的"战术高功率作战响应器"（THOR）进行现场评估，系统演示了对抗无人机蜂群的能力。3 月，洛克希德·马丁公司开发出一个名为"莫菲斯"的反无人机解决方案。它以 ALTIUS 无人机为平台载体，搭载高功率微波武器，可从空中近距离抵近对方的无人机群，利用据称达千兆瓦的微波功率使目标失效。7 月，美国空军研究实验室宣布与联合反小型无人机系统办公室、美国陆军快速能力与关键技术办公室合作，以"战术高功率作战响应器"为基础开发一款名为"雷神之锤"的新型高功率微波武器系统。首套原型样机将于 2023 年交付，陆军计划在 2024 年将样机部署到一线部队。

五、美国空军启动"怪兽"认知电子战重大项目

2021 年 9 月，美国空军研究实验室发布一份预征求书，拟启动"怪兽"（Kaiju）项目，将人工智能及机器学习用于未来的认知电子战系统，帮助飞机穿透敌方依赖多频谱传感器、导弹及其他防空资产的下一代综合防空系统。该项目将使用开放系统标准、敏捷的软件算法开发和过程验证工具，开发可移植到已列装系统的人工智能和机器学习技术。

六、美国空军首次实现对飞行中战斗机电子战系统的远程升级

2021 年 7 月，美国空军宣布对一架飞行中的 F－16C"蝰蛇"战斗机进行了电子战软件远程升级测试。现役电子战系统大多是针对已知或预期的电磁频谱环境设计的，需要具有雷达以及其他辐射源基本特征的数据库。这次实验是美国空军对飞行中电子战软件升级的探索实践，F－16C 战斗机在飞行中的软件升级测试表明美国空军已经为认知电子战能力落地开展了相应的工作。此次实验是美军机载电子战的重大发展，对认知电子战未来的发展具有重要影响，为快速敏捷应对新威胁，全面开发认知电子战能力迈出了重要一步。

七、美国最大输油管道遭受勒索软件攻击

2021 年 5 月，美国最大的成品油管道公司科洛尼尔遭到 DarkSid 勒索软件攻击被迫关闭设备，导致美国东海岸 45％ 的汽油、柴油等燃料供应受影

响，美国政府宣布 17 个州和华盛顿特区进入紧急状态。DarkSide 勒索软件采用勒索即服务（RaaS）模式运行，加密和窃取近 100GB 公司数据，并索要约 440 万美元的比特币赎金。此次事件是美国近年来遭遇的最严重的网络袭击事件，凸显了美国基础设施网络安全的脆弱性。

八、美国空军成立首支频谱战联队

2021 年 6 月，美国空军在佛罗里达州埃格林空军基成立首支频谱战联队——第 350 频谱战联队。该联队依托原空军第 53 联队的第 53 电子战大队组建，隶属于美国空军空战司令部。该联队的主要工作是为美国空军提供作战、技术和后勤方面的电子战专家，支持电子战系统的设计、测试、评估、战术开发、部署、技术鉴定等工作，并通过电子战系统的快速重编程能力来应对同等对手的挑战。第 350 频谱战联队的成立，标志着美国空军在电子战作战力量建设方面迈出了实质性一步。

九、美国太空部队开始组建网络部队

2021 年 2 月，美国太空部队正在招募第一批网络战士，将网络人员从空军转移到其队伍中，以保护敏感的系统和任务。总部位于施里弗空军基地的"太空三角洲 6"部队正式将 40 名士兵转移至太空部队，负责执行空军卫星控制网络、网络作战，以保护太空作战、网络和通信。

十、DARPA 发布波形捷变射频定向能项目

　　近年来，美国高度关注高功率微波武器的发展，提出了多个高功率微波武器项目，对其杀伤机理、武器研发、作战应用等进行深入研究，但仍然面临作用距离不够、效果不稳定等问题。为此，美国国防高级研究计划局于 2021 年 2 月提出了波形捷变射频定向能（WARDEN）项目，重点关注高功率微波武器技术的基础问题，明确作用机理，开发行波放大器和捷变波形，项目预期目标实现后，高功率微波武器的战场适应能力和实战化能力将大大提升。

2021 年网络空间和电子战领域科技发展大事记

美国公司在无人机上部署人工智能网络安全系统 1月，美国人工智能公司 SparkCognition 和无人机公司 SkyGrid 宣布合作，将直接在无人机上部署人工智能支持的网络安全产品，保护无人机在飞行过程中免受零日漏洞攻击。SparkCognition 公司的 DeepArmor 产品与 SkyGrid 公司的空域管理系统 AerialOS 将实现集成，可直接部署在无人机上，即使在网络连接受损或不存在的情况下也能发挥作用，实现由人工智能提供无人机保护的空域管理系统。

美军发布《联合电磁频谱作战战略联合指南》 1月，美军以联合需求监督委员会备忘录的形式发布了《联合电磁频谱作战战略联合指南》。该指南是美国国防部 2020 年 10 月发布的《电磁频谱优势战略》的后续文件，聚焦于联合电磁频谱作战的四个关键领域：联合全球火力、联合全域指挥控制、对抗环境下的后勤以及信息优势，同时包含了对联合电磁频谱作战能力的需求清单。

美国国防部发布《反小型无人机战略》 1月7日，美国国防部发布《反小型无人机战略》文件。该战略由美国陆军成立的联合反小型无人机办公室（JCO）牵头制定，旨在应对当前及未来呈指数增长的小型商用和军用无人机威胁。《反小型无人机战略》分析了美军在美国本土、东道国和应急行动地区 3 种作战环境下所面临的小型无人机威胁，构建了一个"目标 –方针 – 实施路线"的整体框架，指导美国国防部通过创新和协作，增强联合部队能力；全方位开发装备与非装备解决方案；以及建立并扩大与盟国及其他伙伴（国家/部门/机构）的合作关系。

美国海军寻求舰载电子战多功能天线 1 月，美国海军信息战中心发布了有源相控阵和阵列馈源反射面天线项目的信息需求，以期利用舰船上的单个孔径实现通信、电子支援和电子攻击能力。这种收发天线阵列必须满足体积小、重量轻、功耗低、散热好、成本低的要求。该宽带阵列至少要在 S ~ X 波段保证高辐射效率及各向同性的发射和接收，在 L ~ Ku 波段工作时可适当放宽对辐射效率和各向同性的要求。该方案必须符合模块化设计要求，可通过配置完成多个不同任务，采用的技术需经过仿真模拟环境测试，技术成熟度达到 TRL –6。

俄军演练"摩尔曼斯克" –BN 电子战系统 1 月，俄罗斯海军北方舰队电子战中心在摩尔曼斯克地区开展了一场战术演习，首次大规模使用了"摩尔曼斯克" –BN 短波通信干扰系统。演习总共用时 14 小时，电子战中心成功地完成了所有指派的任务。此次演习中，俄军将"摩尔曼斯克" – BN部署在了深入北极圈 100 千米的区域。该系统据称能在 5000 ~ 8000 千米的距离对敌方的短波信号进行无线电侦察、拦截与压制。虽然此次测试是在小范围内进行，但专家认为俄军很快将能够发挥该系统的最大效能。如果俄军将"摩尔曼斯克" –BN 系统的效能最大化，将会影响欧洲和美国部分地区的通信。

美国空军举行"红旗21 –1"军演 2 月，美国空军在内利斯空军基地举行"红旗21-1"演习。"红旗21-1"演习提供持续拟真的训练,并在空中作战基础上纳入了太空和赛博空间要素。美国太空军、陆军太空与导弹防御司令部以及各国盟军的空中作战部队分别以蓝方、红方和白方加入了演习。演习中,美国空军第414战斗训练中队运用了支撑全方位国家安全目标的太空电子战能力,以及影响敌方数据网络正常功能的进攻性赛博能力。

DARPA 发布"灵巧波形射频定向能"项目招标公告 2月26日,DARPA 发布"灵巧波形射频定向能"(WARDEN)项目广泛机构征询公告。WARDEN 项目的目标是开发高功率微波放大器,产生足够强的电磁辐射来破坏目标电子元件和电路。WARDEN 项目为期4年,预计花费大约5100万美元,并涉及多个承包商。8月,DARPA 小企业计划办公室发布"电磁耦合快速时域建模"项目信息征询书,寻求计算电磁学技术领域相关创新研究概念的提案。该项目是 WARDEN 项目公告的一部分。

美国太空部队开始组建网络部队 2月,美国太空部队正在招募第一批网络战士,将网络人员从空军转移到其队伍中,以保护敏感的系统和任务。总部位于施里弗空军基地的"太空三角洲6"部队正式将40名士兵转移至太空部队,负责执行空军卫星控制网络、网络作战,以保护太空作战、网络和通信。

俄罗斯开发新型反无人机系统 2月,俄罗斯国家技术集团下属的俄罗斯电子公司推出一款名为"护身符"的机动式反无人机系统。该系统可判定无人机的类型,并在2千米半径范围内压制无人机的控制信号,切断其通信链路,对0.4~6.2吉赫的遥控频段实施连续干扰。该系统在压制无人机控制信号的同时,还能压制全球卫星系统的导航信号。

德国开展"亮云"诱饵发射试验 2月,德国成功进行了"亮云"-

218 诱饵的发射试验。诱饵是从空客公司的"远程控制空中目标系统"（RPATS）测试平台上投放的。在试验中，曳光弹大小的"亮云"-218 诱饵从标准的对抗措施投放器发射，随后发射了模拟目标飞机强大的射频辐射信号，将威胁导弹从目标飞机诱偏。该试验证明了该诱饵能够欺骗安装了半主动雷达导引头的导弹。

日本开发防区外干扰机 2 月 10 日，日本防务省采办、技术与后勤局授予川崎重工一份 150 亿日元（约合 1.43 亿美元）的合同，用于为日本航空自卫队研发能执行防区外电子战任务的飞机。该新型飞机将装备信号情报和电子攻击装备。防卫省官员未披露该飞机的技术参数和其他细节。防区外干扰机开发分为两个阶段。第一阶段预计耗资 4650 万日元，川崎重工将设计并生产两架原型机并在 2026 财年末完成初期试验。第二阶段涉及第三和第四架原型飞机制造工作，预计 2032 财年完成终试。

DARPA 扩大美国国内安全定制芯片的制造 3 月，DARPA 推出"自动实现应用的结构化阵列硬件"（SAHARA）项目，旨在扩大美国国内制造能力的使用范围，以应对阻碍国防系统定制芯片安全开发的挑战。该项目将与英特尔公司、佛罗里达大学、马里兰大学和得克萨斯 A&M 大学的学术研究人员合作，设计自动、可扩展、可量化的安全结构化专用集成电路（ASIC），同时还将探索新型芯片保护，支持零信任环境下的硅制造。

美国智库哈德逊研究所发布《无形的战场——美国夺取电磁频谱优势的技术战略》报告 3 月，美国智库哈德逊研究所发布《无形的战场——美国夺取电磁频谱优势的技术战略》报告。报告主要包括对手的电磁频谱作战理论和趋势、美国电磁战和电磁频谱作战发展趋势、电磁频谱作战概念和能力的不对称性、技术优先项几部分内容，援引了前期有关美中俄电子战净评估的内容，阐述了美军在电磁频谱方面取得的成就，以及在应对中俄电磁频谱能力上所面临的挑战，提出要以国防部新发布的《电磁频谱优势战略》为起点，向更动态敏捷、更灵活的电磁频谱作战转型。报告指出，美军正处于电磁频谱相关技术发展的十字路口，应采用以决策为中心的规划方法，优先发展电磁频谱创新技术，通过提高美国电磁频谱能力在战场上的适应性来重新获取并持久保持优势。

美国空军为 F－15 战斗机开发认知电子战能力　3 月 11 日，美国空军全寿命周期管理中心发布了一项信息征询书，寻求人工智能/机器学习算法，以提高机载电子战系统的开发/生产能力。美国空军旨在寻找具有丰富电子战经验和强大算法/技术的公司，以便在稀疏和密集信号环境中更快速、更智能地应对辐射源的模糊性以及新出现的威胁。美国空军的主要目标是从技术成熟度 4 级开始，逐步开发和集成任务相关的认知电子战技术。项目中的认知电子支援和电子攻击技术将解决射频背景噪声环境下的自适应、捷变、模糊以及未知的各类辐射源带来的挑战。该项目还关注快速电子战重编程能力以及利用知识的相互作用和积累来改进系统性能的认知技术。

DARPA 推进全同态加密技术研究进程　3 月，DARPA 选取 Duality Technologies 公司、Galois 公司、SRI 国际公司及英特尔公司为"虚拟环境中的数据保护"（DPRIVE）项目研究团队，通过采用内存管理、建立灵活数据结构与编程模型等方法，以研发出一个全同态加密硬件加速器与软件堆栈，减少计算负担，提高完全同态加密技术的运算速度，令其与进行未加密数据等类似操作的运算速度保持一致。

英国政府发布《竞争时代的全球英国》战略　3 月，英国政府发布《竞争时代的全球英国：安全、国防、发展与外交政策综合评估》，将网络列为核心安全问题。根据文件，即将发布的网络战略优先事项包括：加强网络生态系统建设，建立弹性和繁荣的"数字英国"，引领网络空间关键技术，与其他政府、业界合作，发现、破坏和威慑对手。该战略明确英国将构建系统以大规模和快速检测网络威胁，利用所有杠杆向对手施加代价，拒止损害英国利益的能力。同时，该战略首次提出将网络空间纳入核威慑理论，声明有权动用核武器反击网络攻击。

美国海军考虑 EA－18G 的替代方案   3 月，美国海军空战负责人 Gregory Harris 少将在海军联盟特殊议题网络研讨会上表示，美国海军"下一代空中优势"（NGAD）增量 1——F/A－XX 将替代 F/A－18E/F"超级大黄蜂"攻击机，而项目 NGAD 增量 2 将替换 EA－18G"咆哮者"电子战飞机。NGAD 系列可能会包括有人平台和无人平台。美国海军认为 NGAD 将不仅是单一类型的飞机，随着有人/无人编队的发展，海军计划把该能力集成到 NGAD 中，将无人机称为"小兄弟"，作为一个附属性的空对空平台、电子战平台。同时，海军也在探讨该无人机是否可以作为一个预警平台，未来可能会顶替 E－2D 预警机。

DARPA 启动"宽带自适应射频保护"项目   为了在拥塞和对抗激烈的环境中实现宽带软件定义的无线电，DARPA 启动了"宽带自适应射频保护"（WARP）项目。该项目的目标是开发可在宽带范围内以低损耗、高线性度进行调谐的技术，以保护国防和商业宽带系统。3 月 24 日，DARPA 宣布了入选"宽带自适应射频保护"项目的研究团队。

EPAWSS 电子战系统开始低速率初始生产   3 月 2 日，波音公司授予 BAE 系统公司一份价值 5800 万美元的合同，开始 F－15EX 战斗机上的新型防御性电子战设备——"鹰"无源/有源告警生存系统（EPAWSS）的低速率初始生产（LRIP）。在 3 个月之前，波音公司与美国空军就 EPAWSS 系统达成了 LRIP 生产协议。EPAWSS 系统包含了数字化的对抗措施系统、多谱传感器、一体化雷达，并通过人工智能处理算法将这些部件联系在一起，协助美国空军监听、干扰并规避电子战威胁。EPAWSS 系统将替代目前在美国空军 F‑15E"攻击鹰"机群上使用的传统"战术电子战系统"（TEWS），最终成为空军 F‑15E 和 F‑15EX 飞机的标准配置。

洛克希德·马丁公司推出无人机载高功率微波系统 3 月 19 日，洛克希德·马丁公司推出一款用于反无人机的无人机系统——"莫菲斯"（MORFIUS）。该系统通过在无人机上搭载高功率微波系统来对抗单架无人机以及无人机蜂群。作为应对无人机的分层防御体系的一部分，"莫菲斯"将朝着敌方无人机或无人机蜂群的方向发射，通过近距离发射千兆瓦级的微波功率让无人机失效。"莫菲斯"最关键的能力在于：能够在空中对抗多个威胁，不会对己方车辆、建筑或人员造成影响。

美国国防部寻求实时频谱共享工具 美国国家频谱联盟 4 月 26 日发布一份需求文件指出，美国国防部正寻求开发一种可应用于空战训练的频谱分析样机，以确保频谱实时可用。该样机的开发将重点围绕"作战频谱理解、分析和响应"（OSCAR）项目展开。OSCAR 项目是美国国防部研究与工程部门"频谱接入研究开发计划"的一部分，该计划致力于开发准实时的频谱管理技术，根据作战计划或作战成果，利用机器学习和人工智能更有效、更动态地进行频谱分配。OSCAR 项目将提供频谱管理工具、工作流程和传感器网络，以提高频谱利用率并提升靶场频谱管理能力。OSCAR 项目的提案应于 2021 年 6 月 1 日前提交，项目周期 3 年，承研公司需在项目结束时进行技术展示。

美国空军发布《电磁频谱优势战略》 4 月，美国空军部发布了其首部《电磁频谱优势战略》，以指导美国空军和太空军的行动。该战略与美国国防部发布的《电磁频谱优势战略》一脉相承，将打破空军几十年来"忽视"

电磁频谱的局面。该战略将指导美国空军采取一种压倒性的进攻方法，同时继续提高防御能力，使其能够在电磁频谱中机动。该战略提出了空军部在电磁频谱方面的三个战略目标：①建立组织，统一空军部范围内的电磁频谱活动，并提高电磁频谱作战的领导地位；②装备开发，快速开发采用开放式体系架构的电磁战/电磁频谱能力，开发鲁棒的电磁战斗管理（EMBM）能力，以及实现空军部电磁频谱作战试验和训练基础设施的现代化；③瞄准未来发展电磁战/电磁频谱优势力量。

美国网络司令部正式接手 IKE 项目　4 月，作为美国网络作战关键系统的 IKE 项目正式移交美国网络司令部。项目可为美国网络任务部队提供网络指挥控制和态势感知能力，并利用人工智能和机器学习技术帮助指挥官理解网络战场、支持制定网络战略、建模并评估网络作战毁伤情况。项目可视为美国网络司令部联合网络指挥控制项目的试点项目，并将成为未来网络指挥控制的核心及基础。

美国海军"增程型先进反辐射导弹"取得重大进展　4 月，美国海军在 F/A –18F 战斗机上对 AGM –88G"增程型先进反辐射导弹"（AARGM –ER）分离测试载具（STV）完成了受控飞行试验。此次飞行试验展示了 F/A –18战斗机对 AARGM –ER 的导弹挂载兼容性。同月，美国海军航空系统司令部授予诺斯罗普·格鲁曼公司合同，要求其设计一种新型导弹制导处理器电路板，将其集成到 AARGM –ER 上并完成原型测试。7 月，美国海军对 AARGM –ER 进行了首次实弹测试，从 F/A –18 战斗机上成功发射该型反辐射导弹，完成了所有计划的测试目标。此次实弹测试验证了总体系统集成、火箭发动机性能，并为模拟与仿真验证提供支撑。8 月，美国海军宣布 AARGM –ER 达到里程碑 C。9 月，美国海军授予诺斯罗普·格鲁曼公司一份价值 4120 万美元的合同，标志着 AARGM –ER 开始首批低速率初始生产（LRIP Lot 1）。

北约开展 2021 年度"锁定盾牌"网络防御演习　4 月，北约举行 2021 年度"锁定盾牌"演习，此次演习号称全球规模最大的网络防御实战演习，涉及 30 个国家、2000 多名网络安全专家及战士。本次演习以虚构岛国"贝里里亚"的主要军事和民用 IT 系统遭受网络攻击为背景，旨在考验相关国家保护重要服务和关键基础设施的能力，并强调网络防御者和战略决策者需要了解各国 IT 系统之间的相互依赖关系。

美军在"北方利刃 21"大型军事演习中演练电子战新战法　5 月 3 日至 14 日，美军在阿拉斯加附近举行名为"北方利刃 21"的大型军事演习。此次"北方利刃"军演中陆军、海军、海军陆战队、空军合计参演人员达到 15000 名，演习中使用 250 架飞机和多艘舰船。"北方利刃 21"构建了具备强大实力的"红军"部队，旨在检验美军联合部队在高端对抗环境下的作战能力。在 5 月 14 日的演习中，美国空军试验了一种电子战新战术。该战术旨在利用 F－15 战斗机上搭载的电子战装备，帮助 F－35 战斗机提升隐身突防能力，从而实现 4 代机和 5 代机的联合突防作战。演习中，装备了"'鹰'无源/有源告警与生存系统"（EPAWSS）（型号为 AN/ALQ－250），的 F－15 战斗机与 F－35 战斗机组成战术编队，F－35 关闭自身雷达将电磁辐射降至最低，F－15E 利用 AN/ALQ－250 电子战系统对敌方防空系统实施干扰，协助 F－35 实现快速突防。

美国陆军加强战术电子战架构研发　据 5 月 28 日公布的 2022 财年预算申请显示，美国陆军在电子战经费削减的情况下，仍计划投入大量经费研发赛博与电磁活动（CEMA）战场架构，以实现电子系统和战术赛博系统的连接。CEMA 包含的项目有："多功能电子战"（MFEW），美国陆军削减了 1225 万美元的采办预算，但将研发资金由 900 万美元追加到 1200 万美元；

"旅战斗队地面层系统"（TLS－BCT）的资金预算约为 3970 万美元；"电子战规划与管理工具"（EWPMT）的研发经费为 1680 万美元，采办经费为 70 万美元；"旅以上梯队地面层系统"（TLS－EAB）这个新项目的研发经费为 1950 万美元。

美国发布《关于加强国家网络安全的行政命令》　5 月，美国总统拜登签署《关于加强国家网络安全的行政命令》，旨在通过保护联邦网络、改善美国政府与私营部门间在网络问题上的信息共享及增强美国对事件发生的响应能力，从而提高国家网络安全防御能力。美国政府将通过使用零信任架构、加快安全云服务的发展、数据采用多因素认证和加密、发布加强软件供应链指南、成立网络安全审查委员会等措施，实现网络安全现代化的目标。

美国国防信息系统局发布《国防部零信任参考架构》　5 月，美国国防信息系统局发布《国防部零信任参考架构》，为国防部大规模采用零信任设定了战略目的、原则、标准及其他技术细节，旨在增强国防部网络安全并在数字战场上保持信息优势。该参考架构明确指出国防部下一代网络安全架构将以数据为中心，基于零信任原则。

美国国防部要求增加网络预算并增加网络部队人员　5 月，美国国防部提出 104 亿美元的 2022 财年网络安全预算，同比增长 6%。其中，约 56 亿美元将用于保护 IT 系统，主要侧重于可让数据跨安全飞地传递的下一代加密、网络现代化和安全解决方案；43 亿美元将用于网络作战，用于网络搜集、环境情报准备、防御性和进攻性网络行动。同时，未来 3 年内向美国网络司令部网络任务部队增加 14 支分队。

勒索软件攻击切断半个美国的燃油管道　5 月，美国最大成品油管道运营商科洛尼尔（Colonial Pipeline）遭受网络犯罪团伙 DarkSide 的勒索软件攻击，导致供美国东部沿海主要城市 45% 燃料供应的输送油气管道系统被迫下线。DarkSide 勒索软件采用勒索即服务（RaaS）模式运行，加密和窃取近 100 吉字节公司数据，并索要约 440 万美元的比特币赎金。

北约机密云疑遭黑客入侵　5 月，黑客入侵 Everis 企业，成功窃取北约云计算平台相关的源代码及文档，声称已删除了原始数据，并有能力修改代码内容甚至在项目中植入后门。攻击者以破坏方式推迟"北极星计划"为目的，并向 Everis 开出了超过 10 亿欧元的赎金要求。该平台全称为"面向服务架构与身份访问管理"（SOA&IdM），是北约 IT 现代化战略"北极星计划"中的核心项目，负责实现安全保障、集成化、注册与存储库、服务管理、信息发现与托管等功能。

美国网络司令部举行"网络旗帜 21 – 2"大型演习　6 月，来自美国、英国、加拿大三国 17 个"网络保护组"的 430 名网络安全专家，将通过网络司令部的网络靶场"持续网络训练环境"（PCTE）在各自国家及单位远程开展网络对抗演练。此次演习特别关注网络领域与其他领域交互作用的效果，纳入虚拟工控系统、勒索软件攻击等要素。同时，该演习将帮助网络司令部评估美网络战队伍的能力水平及对手新的战术 – 技术 – 流程，确保美国及其盟友的网络优势。

美国国防信息系统局寻求新型电磁战斗管理系统　6 月，美国国防信息系统局（DISA）发布了一份征询书，寻求具备联合电磁频谱作战一系列全新能力的原型，以提升规划、管理、态势感知、机动和数据共享等方面的能力。国防信息系统局在征询书中设想了一种联合电磁战斗管理系统，可帮助联合电磁频谱作战分队在受限、竞争和拥塞的电磁作战环境中更自如地作战。

美国空军成立第 350 频谱战联队　6 月，美国空军空战司令部正式成立了第 350 频谱战联队。这是美军首支频谱战部队。该联队将为空军作战部队提供电子战相关的维护、作战和专业技能，使美军和盟军在电磁频谱中具备竞争优势。第 350 频谱战联队目前划归第 16 航空队指挥，第 53 电子战大队将划入第 350 频谱战联队。成立第 350 频谱战联队是美国空军获得电磁战竞争优势的最新举措。把这种关键任务交给专门的联队，是空军加速变革的坚石，也是确保作战人员在电磁频谱内继续作战并取得胜利的关键。美国空军正在考察第 350 频谱战联队的永久驻地选址，目前该联队暂时驻扎在埃格林空军基地，预计于 2022 年春季确定永久驻地。

美国海军"下一代干扰机 - 中波段"项目达到里程碑 C 6 月 28 日，美国海军负责研发和采办的代理助理部长弗雷德里克·斯特凡尼批准"下一代干扰机 - 中波段"（NGJ - MB）项目达到里程碑 C。7 月 2 日，美国海军授予雷声公司一份价值 1.71 亿美元的合同，启动了 NGJ - MB 低速率初始生产。作为低速率初始生产批次 1（Lot 1），雷声公司将生产 6 个供作战鉴定使用的中波段吊舱。该批次生产将于 2023 年 10 月完成。

美英日加等七国欲联合开发基于卫星的量子加密网络 6 月，美、英、日、加等 7 国将联合开发一个基于卫星的量子加密网络——联邦量子系统（FQS）。该系统将基于英国初创公司 Arqit 为商业客户开发的一个系统而运行，利用量子技术来防范日益复杂的网络攻击。尽管该网络位于由 Arqit 公司运行的托管服务平台上，但 FQS 将以某种方式实现封闭操作，以实现盟国之间的互操作性。参与国将统筹资源和资金促进共同研究，计划于 2021 年推出量子云软件，于 2023 年发射第一颗 FQS 卫星。

俄罗斯出台新版国家安全战略 7 月，俄罗斯出台新版《俄罗斯联邦国家安全战略》，将网络安全指定为新的国家战略重点。该战略指出，俄罗斯当前面临着广泛的信息安全威胁。对此，战略提出应对信息安全威胁的 16

项任务，包括：防止信息技术对俄罗斯信息资源和关键信息基础设施的破坏性影响；加强武装力量组织机构和武器装备开发制造商的信息安全；发展信息对抗力量和手段；应用人工智能和量子计算等先进技术改进信息安全保障方法等。

美国国防部发布《电磁频谱优势战略实施方案》　7月15日，美国国防部长劳埃德·奥斯汀签署了《2020电磁频谱优势战略实施方案》（EMSSS I‑Plan）。该实施方案为国防部达成"在己方选定的时间、地点和参数上实现电磁频谱中的行动自由"这一战略愿景提供了方向和实施纲领，标志着美国国防部长正式授权实现电磁频谱优势战略愿景。实施方案为机密级，不对外公布。

美国空军发布《定向能未来2060——对美国国防部未来40年定向能技术的展望》报告　7月，美国空军研究实验室（AFRL）发布《定向能未来2060——对美国国防部未来40年定向能技术的展望》报告。该报告分析了美国国防部对定向能技术的投资情况，预测了40年后的定向能武器和应用情况，并给出了美国在定向能领域领先或落后于对等对手的一系列想定场景。报告发现，由于技术趋势的融合和战场的演变，定向能军事能力已经达到或超过了一个"临界点"，其对于美国、盟国以及当前和潜在的敌对方成功执行跨域军事行动至关重要。报告还指出，能力相当的竞争对手正在"挑战美国在军事定向能方面的领导地位"，但空军研究实验室正在"积极采取行动，维持美国在定向能领域的领导地位"。

全球再现"监听门"　7月，多家媒体机构与非政府组织共同披露以色列软件监控公司NSO集团涉嫌向某些专制政府兜售手机间谍软件"飞马"（Pegasus）。披露信息指出，"飞马"软件自2016年起通过感染苹果iPhone、谷歌安卓手机让客户监听并截取目标人物的信息、照片与电邮等，甚至秘密录音、启动话筒与镜头。在 5 万个监听号码中，包含法国总统、南非总统、摩洛哥国王等全球 34 个国家、超过 600 名政府官员与政客的手机号码。

美国空军研发新型高功率微波武器系统　7 月，美国空军研究实验室定向能局发布公告称，其将在"定向能技术实验研究"（DETER）项目下启动名为"雷神之锤"（Mjolnir）的高功率微波武器系统原型项目。该项目将于今年秋天启动，并在 2023 年推出原型系统。该项目将以现在的"战术高功率作战响应器"（"托尔"，THOR）为基础，但具有更高的性能、可靠性和可制造性，能够适应作战环境。美国空军研究实验室和联合小型反无人机办公室、陆军快速能力与关键技术办公室合作开展该项目，具体由空军研究实验室定向能局高功率电磁分部管理。

美国空军可能为战术飞机装备"下一代干扰机"　7 月，美国众议院武装部队委员会下属的战术空中和地面部队小组委员会提出议案，在《2022 财年国防授权法案》中要求"评估美国空军机载电子攻击能力以及将 AN/ALQ-249'下一代干扰机'（NGJ）集成到空军战术飞机上的可行性"。如果这项议案获得批准，美国空军需要决定是否在其战术飞机上集成 NGJ 机载电子干扰吊舱，从而大大扩展美国空军的机载电子攻击能力。

美国空军 F-16 战斗机在飞行中实现电子战系统软件远程升级　7 月 31 日，美国空军宣布 F-16C"蝰蛇"战斗机在空中飞行时完成了机载电子战系统软件远程升级能力测试。此次测试是在内华达州内利斯空军基地进行的，属于美国空军"先进战斗管理系统"（ABMS）计划的一部分。测试期间研究人员向 F-16C 战斗机 AN/ALQ-213"电子战管理系统"（EWMS）的对抗措施信号处理器发送了更新的任务数据文件，处于飞行状态的 F-16C 战斗机通过机载超视距卫星通信系统完成了软件接收。这是战斗机首次在飞行期间进行软件更新，并获得新能力，表明美国空军为认知电子战能力的落地已经在开展相应的基础工作。

美国海军终止电磁轨道炮的研发 7 月，美国海军宣布终止电磁轨道炮的研发，而将电子战系统、高超声速导弹和定向能系统列为优先项目。电磁轨道炮项目已历经 15 年，耗资 5 亿美元。终止研发意味着美国海军希望能以马赫数 7 的速度命中 100 海里以外目标的计划近期内已不可能实现。

美国国防部正式取消 JEDI 项目 7 月，美国国防部宣布正式取消"联合企业防御基础设施"（JEDI）项目，并启动新的多云计划——"联合作战人员云能力"（JWCC）。根据官方说明，新计划必须提供：在所有 3 个涉密等级（非密、机密和绝密）的相应能力和同等服务；一体化的跨域解决方案；全球可用性（包括在战术边缘）；以及增强的赛博安全控制措施。

欧洲联合开发"皇冠"机载多功能射频系统 7 月，欧盟委员会授予英德拉等多家公司 1000 万欧元，用于设计和开发基于有源电扫阵列（AESA）技术的机载多功能射频系统——"军用雷达、通信和电子战多功能系统"（CROWN，简称"皇冠"）项目。该项目是欧盟基于 AESA 打造一款具有雷达、电子战和通信功能的多功能射频系统的第一步。"皇冠"项目由欧洲防务局根据国防研究筹备行动（PADR）计划共同投资，目标是使多功能 AESA 技术达到技术成熟度 4 级，长期目标是在后续开发阶段继续开发这些技术，使技术成熟度达到 7 级，并在 2027 年通过空中平台进行演示。

美国海岸警卫队发布网络空间战略 8 月，美国海岸警卫队发布新版《网络空间战略》，再次重申了 2015 年战略"将网络空间确立为海岸警卫队的新作战领域"的立场，并指出在关键海事部门易受网络攻击严峻威胁形势下，海岸警卫队将与国土安全部、国防部、政府合作伙伴、外国盟友和海运业密切合作，开展包括网络行动在内的多项措施，保护海上运输系统免受网络空间和通过网络空间传递的威胁，并追究利用网络空间破坏国家和海洋运输系统安全的主体责任。

美国战略司令部成立联合电磁频谱作战中心 8 月，美国国防部宣布正在美国战略司令部设立一个名为联合电磁频谱作战中心（JEC）的新部门，以提高电磁频谱作战专业知识和技能。这一举措是美国国防部电磁频谱优势战略实施方案的内容之一。联合电磁频谱作战中心将与联合部队和军种部门协调，负责与电磁频谱作战有关的专业军事教育、课程和认证，并在整个国防部范围内培训和深化电磁频谱作战知识。

美国陆军发布新版《赛博空间行动与电磁战》条令 8 月，美国陆军发布了新版 FM 3 – 12《赛博空间行动与电磁战》条令，取代了 2017 年出版的条令。新版 FM 3 – 12 为协调、整合和同步美国陆军赛博空间行动与电磁战提供战术与流程，对统一的地面作战和联合作战提供支持。FM 3 – 12 诠释了美国陆军赛博空间行动与电磁战的基本原理、术语和定义，描述了指挥官和参谋人员应如何将赛博空间行动与电磁战集成到统一的地面作战中，为美国陆军从事赛博空间与电磁战的各级指挥官和参谋人员提供顶层指导。

美国陆军授予价值 7.74 亿美元的加密设备合同 8 月，美国陆军授予 Sierra Nevada 和通用动力公司合同，参与建造其下一代加密设备（NGLD – M）的开发、生产和维护，以保护联合部队保护服务网络免受对手的网络和电子战威胁。NGLD – M 将取代陆军传统的简单密钥加载器设备的高级密码设备，将能够向战术、战略和企业网络系统提供最强大的 NSA 生成的加密密钥，这些系统从秘密到最高级别的安全分类运行。

美军授出 24.1 亿美元国家网络靶场升级及运营合同 8 月，美国国防部授出价值 24.1 亿美元的国家网络靶场升级及运营合同，将由 14 家美国公司共同承接运营，分别针对不同的方向提供支持服务。该合同将为军方网络任务部队（CMF）提供事件规划和执行、场地安全、信息技术管理以及靶场现代化和作战支持，同时通过测试、规划和系列活动来支持国家网络靶场综合设施（NCRC）的运行。

美国空军拟启动"怪兽"认知电子战项目 9月9日，美国空军研究实验室发布了一份信息征询书，计划启动"怪兽"（Kaiju）项目，将人工智能和机器学习应用于未来的认知电子战系统，以帮助作战飞机突防依赖多谱传感器、导弹和其他防空资产的下一代综合防空系统。该项目将使用开放系统标准、敏捷的软件算法开发和过程验证工具，开发可移植到已列装系统的人工智能和机器学习技术。"怪兽项目"计划为期5年，计划投资1.5亿美元，集中在9项主要任务：认知电子战大数据研究；软件定义无线电研究；多谱威胁对抗；RAPTURE实验室；电子攻击演示；实时算法开发；用于下一个飞行任务数据重编程的射频电子战演示样机；先进威胁对抗；项目管理。

美国陆军发布"统一网络"计划 10月，美国陆军发布统一网络计划，概述五大工作路线：建立统一的网络以实现多域作战；在多域作战中为部队提供战场态势；安全与生存能力；改革进程与政策；网络维护。新计划分为三个阶段：初期（2021—2024年），建立统一网络、创建标准化综合安全架构；中期（2025—2027年），运营统一网络，融合战术和企业网络能力；远期（2027—2028年及以后），持续现代化工作。

美国空军EC-37B"罗盘呼叫"电子战飞机完成首飞 10月，L3哈里斯技术公司成功对美国空军的下一代"罗盘呼叫"电子战飞机EC-37B进行了首飞。"罗盘呼叫"电子战系统采用模块化开放系统架构，能快速集成新技术，降低未来升级的总成本，其尺寸、重量与功率使客户能针对不断变化的任务需求增添新功能。"罗盘呼叫"电子战系统搭载于新型"湾流"G550公务机，可以有效提高飞机的生存能力，使飞机具备更快的速度、更强的续航能力和更远的航程，以替换过去部署的 EC‑130H 电子战飞机。L3 哈里斯公司目前正在湾流公司的设施开展初步改装工作。

美网络司令部部署部队支持轰炸机特遣部队 10 月，美国网络司令部首次部署网络保护团队（CPT）为第 9 远征轰炸中队的 B‑1B 战略轰炸机提供关键数据防护支持。在此部署期间，网络保护团队通过搜索、强化和保护网络，以提高战略资产的弹性。美军网络部队的动态部署实现了战略轰炸机系统紧密同步防御，通过拒止恶意网络行为者访问关键平台增强网络防御能力。

DAPRA 启动"针对新兴执行引擎的加固开发工具链"项目 10 月，DARPA 启动"针对新兴执行引擎的加固开发工具链"（HARDEN）项目，项目将探索新理论与方法，开发实用软件以在整个软件开发生命周期中预测、隔离、缓解计算系统的突发行为，从而限制攻击者利用漏洞的能力，其效果远超过补丁对漏洞的缓解效果。

英国计划耗资 50 亿英镑建设国家网络部队总部 10 月，英国国防大臣表示，英国政府将耗资 50 亿英镑建立国家网络部队（NCF）总部。新的数字作战中心将设在兰开夏郡的萨默斯伯里，由英国国防部和政府通信总部（GCHQ）共同运营。新部门应在 2030 年全面投入运营，预计届时将雇用数千名网络专家和分析师。

东芝欧洲公司开发出首个基于芯片的量子密钥分发系统 10 月，东芝欧洲公司开发出世界上首个基于芯片的量子密钥分发（QKD）系统，其加密特征可以抵御未来超级计算机的攻击，从而保证通信安全。该款新型QKD 系统将光纤电路和器件写入毫米级半导体芯片，实现比光纤产品体积更小、重量更轻、功耗更低且可以进行批量生产，为安全通信与电子领域的大规模市场应用提供有力支持。

美国国防部发布网络安全成熟度模型认证 2.0 版本　11 月，美国国防部发布网络安全成熟度模型认证（CMCC）2.0 版本。相比 1.0 版本，该版本保留了保护敏感信息这一初始目标，调整了标准、合规要求及监管等要求，关键的是取消了烦琐的认证机制，将安全成熟度从 5 级下降至 3 级（基础、高级和专家级）。同时，该版本帮助企业，尤其是中小企业的实施创造灵活条件。

新加坡发布新版网络安全战略　10 月，新加坡政府发布《网络安全战略 2021》，确立了未来 5 年新加坡政府在网络安全领域拟采取的主要行动，确立了网络安全领域的三大战略支柱以及两大基础支撑。与 2016 年战略相比，新战略采取更加主动的方式加强基础设施防护、提供简便易用的方案提升网络安全水平、推进国际网络空间规范与标准的探讨。

美国海军陆战队启动新网络防御部队　11 月，美国海军陆战队网络司令部建立由 184 人组成的网络活动预备役部队。该部队负责执行国防部信息网络（DODIN）行动和防御性网络空间行动（DCO），以支持海军陆战队预备役部队的职责范围和海军陆战队网络空间作战大队（MCCOG）的任务，增强整个作战领域的行动自由，同时拒止对手通过网络空间削弱或破坏这一优势的活动。该部队将为海军陆战队预备役部队用户提供信息技术服务，预防和应对对抗性网络攻击，并通过提供始终存在、可靠和安全的通信来最大限度地减少网络中断。

美国国防情报局推进绝密网络现代化改造　11 月，美国国防情报局推进美国联邦政府最高机密网络——"全球联合情报通信系统"（JWICS）的现代化改造工作，涉及构建额外的网络冗余与扩展宽带；构建网络安全工具，增加更先进的网络安全能力，包括批量加密与零信任安全赋能技术；优化使用案例，如使用人工智能及自动化技术进行网络自我修复等。

美国陆军加紧部署五大网络防御技术　11 月，美国陆军在"AFCEA Belvoir 行业日"活动中介绍了陆军正在推进的五大网络防御技术，包括：网络分析和检测（CAD）；用户活动监控（UAM）；威胁仿真；网络平台与系统（CPS）；驻军网络防御行动平台（GDP）。

以色列推出"天蝎座"电子战系统　11 月，以色列推出了名为"天蝎座"的一系列新型电子战系统，其研制商以色列航空航天工业公司（IAI）称该系统将彻底改变电子战。该系统基于有源电扫阵列（AESA）技术，实现了电子战性能上的突破，能提供新一代的电子战能力。与以往的系统不同，"天蝎座"系统使用 AESA 技术对整个空域进行扫描，然后发射窄波束实施干扰——"以任意波长、任意频率、在任意方向上"。"天蝎座"系统能应对多种类型的威胁，包括无人机、舰船、导弹、通信链路、低截获概率雷达等，能有效拒止雷达、电子传感器、导航和数据通信系统的运行。

2021 年网络空间和电子战领域战略政策文件

文件名称	《反小型无人机战略》		
发布时间	2021 年 1 月	发布机构	美国国防部
内容概要	该战略由美国陆军成立的联合反小型无人机办公室（JCO）牵头制定，旨在应对当前及未来呈指数增长的小型商用和军用无人机威胁。作为一部国防部层面的顶层战略，该战略分析了美军在美国本土、东道国（即作战国）和应急行动地区三种作战环境下所面临的小型无人机威胁，构建了一个包含"目标 – 方针 – 实施路线"的整体框架，以推动美军联合反小型无人机体系建设		

文件名称	《空军电磁频谱优势战略》		
发布时间	2021 年 4 月	发布机构	美国空军部
内容概要	该战略与美国国防部发布的《电磁频谱优势战略》一脉相承，将打破空军几十年来"忽视"电磁频谱的局面。该战略将指导美国空军采取一种压倒性的进攻方法，同时继续提高防御能力，使其能够在电磁频谱中机动		

文件名称	《关于加强国家网络安全的行政命令》		
发布时间	2021 年 5 月	发布机构	美国白宫
内容概要	通过保护联邦网络、改善美国政府与私营部门间在网络问题上的信息共享及增强美国对事件发生的响应能力，从而提高国家网络安全防御能力。美国政府将通过使用零信任架构、加快安全云服务的发展、数据采用多因素认证和加密、发布加强软件供应链指南、成立网络安全审查委员会等措施，实现网络安全现代化的目标		

文件名称	《国防部零信任参考架构》		
发布时间	2021 年 5 月	发布机构	美国国防信息系统局
内容概要	该架构为国防部大规模采用零信任设定了战略目的、原则、标准及其他技术细节，旨在增强国防部网络安全并在数字战场上保持信息优势。该参考架构明确指出国防部下一代网络安全架构将以数据为中心，基于零信任原则		

文件名称	《俄罗斯联邦国家安全战略》		
发布时间	2021 年 7 月	发布机构	俄罗斯政府
内容概要	该战略指出，俄罗斯当前面临着广泛的信息安全威胁。对此，战略提出应对信息安全威胁的 16 项任务，包括：防止信息技术对俄罗斯信息资源和关键信息基础设施的破坏性影响；加强武装力量组织机构和武器装备开发制造商的信息安全；发展信息对抗力量和手段；应用人工智能和量子计算等先进技术改进信息安全保障方法等		

文件名称	《电磁频谱优势战略实施方案》		
发布时间	2021 年 7 月	发布机构	美国国防部
内容概要	该实施方案为国防部达成"在己方选定的时间、地点和参数上实现电磁频谱中的行动自由"这一战略愿景提供了方向和实施纲领，标志着美国国防部长正式授权实现电磁频谱优势战略愿景。实施方案为机密级，不对外公布		

文件名称	《网络空间行动与电磁战》条令		
发布时间	2021 年 8 月	发布机构	美国陆军
内容概要	新版 FM 3 - 12 为协调、整合和同步美国陆军网络空间行动与电磁战提供战术与流程，对统一的地面作战和联合作战提供支持。FM 3 - 12 诠释了美国陆军网络空间行动与电磁战的基本原理、术语和定义，描述了指挥官和参谋人员应如何将网络空间行动与电磁战集成到统一的地面作战中，为美国陆军从事网络空间与电磁战的各级指挥官和参谋人员提供顶层指导		

文件名称	《网络安全战略 2021》		
发布时间	2021 年 10 月	发布机构	新加坡政府
内容概要	该战略确立了未来 5 年新加坡政府在网络安全领域拟采取的主要行动，确立了网络安全领域的三大战略支柱以及两大基础支撑。与 2016 年战略相比，新战略采取更加主动的方式加强基础设施防护、提供简便易用的方案提升网络安全水平、推进国际网络空间规范与标准的探讨		

2021 年网络空间和电子战领域重大项目清单

项目名称	项目背景	研究内容	关键技术及解决问题	经费投入	研究进展	作战影响
"怪兽"认知电子战	美国空军长期强调隐身优势,对电子战重视程度不够,认知电子战发展较缓慢,可能想借"怪兽"项目"奋起直追"	主要在 9 个方向开展研究,认知电子战数据研究、软件无线电研究、多频谱威胁对抗、RAPTURE 实验室、电子攻击演示、实时算法开发、用于下一架次任务数据重新编程的射频电子战演示样机、先进威胁对抗、项目管理	将人工智能及机器学习用于未来的认知电子战系统,帮助飞机穿透敌方依赖多频谱传感器、导弹及其他防空资产的下一代综合防空系统	预计投入 1.5 亿美元	研制周期为 5 年,从 2022—2026 财年	提升预警机、运输机、加油机等大飞机的认知电子战能力以对抗先进面对空导弹威胁

173

续表

项目名称	项目背景	研究内容	关键技术及解决问题	经费投入	研究进展	作战影响
"莫菲斯"高功率微波反无人机武器	高功率微波武器具备光速交战、瞄准精度要求较低、可同时杀伤一批目标、深弹夹、每发低成本等优势、可在极短的时间内通过天线定向辐射高功率微波，形成功率高、能量集中且具有方向性的微波射束，以极高的强度照射目标，干扰或损坏目标设备的电子元器件，使其失效或失能，是对抗无人机蜂群的经济、高效手段	洛克希德·马丁公司推出反无人机群解决方案MORFIUS，能够抵近对无人机蜂群或冲入未来得及散开的无人机蜂群中，近距离使用微波武器迅速打击无人机蜂群目标	常规的反无人机手段还存在有效费比低、对后勤保障要求高等问题。采用小型化、轻量化、通用化设计，可扩展性强，能够飞抵敌方无人机群内发射高功率微波，有效扩展了打击纵深，使打击效果倍增	不详	自2018年以来，MORFIUS已完成了超过15次的测试活动，下一步还将进行更多的测试和功能演示	MORFIUS可作为分层防御方法中的一部分，用于支持一体化防空反导任务，飞向目标进行近距离打击目标，可进一步提升其执行防空反导效能，大幅增加分层防御效果

续表

项目名称	项目背景	研究内容	关键技术及解决问题	经费投入	研究进展	作战影响
波形捷变射频定向能项目	近年来，美国高度关注高功率微波武器的发展，提出了多个高功率微波武器项目，对其杀伤机理、武器研发、作战应用等进行深入研究，但仍然面临作用距离不够、效果不稳定等问题。为此，美国国防高级研究计划局（DARPA）于2021年2月提出了波形捷变射频定向能（WARDEN）项目	项目旨在解决目前高功率微波武器面临的三大挑战：一是稳定、高功率、宽带放大器；二是预测电磁耦合进入复杂外壳的理论与计算工具；三是识别电子系统漏洞并利用电子系统漏洞的预测工具和波形捷变技术。最终目标是扩大高功率微波攻击的范围，超过目前技术水平的10倍	项目旨在解决目前高功率微波武器面临的三大挑战：一是稳定、高功率、宽带放大器；二是预测电磁耦合进入复杂外壳的理论与计算工具；三是识别电子系统漏洞并利用电子系统漏洞的预测工具和波形捷变技术	预计投入总经费5100万美元	2021年2月，发布广泛征询公告（BBA），3月举行了项目提案者日活动；项目预计为期4年，包括12个月的第一阶段、24个月的第二阶段和12个月的第三阶段	项目预期目标实现后，高功率微波武器的战场适应能力和实战化能力将大大提升

续表

项目名称	项目背景	研究内容	关键技术及解决问题	经费投入	研究进展	作战影响
IKE 项目	IKE 项目最初名为 "X 计划"，于 2013 年开始由 DARPA 推动研发，2019 年，美国国防部战略能力办公室接棒开展已经持续多年的 "X 计划" 研究项目，并将其重新命名为 "IKE 项目"	IKE 项目是网络任务部队指挥官用来规划作战的工具，其将为美国网络任务部队提供网络指挥控制和态势感知能力，并利用人工智能和机器学习技术帮助美军指挥管理网络战场，支持美军网络战术的制订，评估并建模网络作战毁伤情况	从顶层上研究网络战场体系架构及相关革新性关键技术，用以为网络空间协同作战提供基础性感知、计划、实施和评估平台	2020 年 2700 万美元；2021 年 3060 万美元	2019 年 7 月转移至国防部战略能力办公室；2021 年 4 月初，IKE 项目又正式过渡到 "联合网络指挥控制"（JCC2）项目管理办公室下的一个项目	IKE 项目可视为美国网络司令部联合网络指挥控制项目的试点项目，并将成为未来网络指挥控制的核心及基础

续表

项目名称	项目背景	研究内容	关键技术及解决问题	经费投入	研究进展	作战影响
基于云的互联网隔离	随着基于云的各种技术在国防部应用越来越广泛，针对国防部网上网行为与DOD网络的基于云的浏览器的攻击变化和复杂性也在持续上升。基于云的互联网隔离（CBII）是云计算领域下3个重要性能指标之一，是DISA在2021—2022年大力推进的重点	"基于云的互联网隔离方案"将国防部用户的互联网上网行为与国防部内部网络相隔离，以保障国防部网络的安全。其技术要求方案必须能够满足以下能力和功能要求：（1）方案在必要时可利用多个地理位置；（2）方案须兼容联邦信息处理标准（FIPS）140-2加密模块；（3）实现基于企业云的互联网隔离能力	CBII是一种工具，它使用了一些技术上的技巧，可实现以下三大主要功能：（1）将互联网浏览端点移至基于云的环境；（2）大大降低了网络的风险和攻击面；（3）缓解互联网接入点的拥塞	1.99亿美元	2020年8月，DIS将第一份其他交易授权（OTA）生产合同授予By Light Professional IT Services，由该公司为国防部信息系统局的CBII项目提供支持。目前，DISA正在实施5份OTA类合同，其中基于云的互联网隔离和移动端点保护已投入生产，其他三个OTA类合同处于原型开发阶段	从管理上进一步规范军队远程办公网络安全；从技术上保证后疫情时代大规模远程办公网络安全

2021 年网络空间和电子战领域重要科研试验

试验名称	国家（或组织）	时间	试验情况	验证的关键技术
"红旗 21 – 1" 演习	美国	2021 年 2 月	模拟太空、网络空间作战，以电子战为重点进行联合全域作战训练	美国空军第 414 战斗训练中队运用了支撑全方位国家安全目标的太空电子战能力，以及影响敌方数据网络正常功能的进攻性网络能力
"网络探索 2021" 演习	美国	2021 年 3 月	与"远征战士试验"的合并演习活动，测试连级以下的多域作战新概念，从而达到强化协同效果	测试了网络态势感知、电子战、战术无线电等 15 种技术
网络安全演习	欧盟	2021 年 2 月	来自 18 个欧洲国家的军事网络响应小组进行了一次实弹演习	从纯军事角度考虑网络威胁，旨在测试欧盟在发生网络攻击时整合部队的能力

试验名称	国家 (或组织)	时间	试验情况	验证的关键技术
"锁定盾牌"演习	北约	2021年4月	全球规模最大的网络防御实战演习，通过考验相关国家保护重要服务和关键基础设施的能力	强调网络防御者和战略决策者需要了解各国IT系统之间的众多相互依赖关系
"北方利刃21"	美国	2021年5月	美国空军试验了一种电子战新战术。该战术旨在利用F-15战斗机上搭载的电子战装备，帮助F-35战斗机提升隐身突防能力，从而实现四代机和五代机的联合突防作战	F-35战斗机关闭自身雷达将电磁辐射降至最低，F-15E战斗机利用AN/ALQ-250电子战系统对敌方防空系统实施干扰，协助F-35战斗机实现快速突防
空军信息战演习	美国	2021年5月	此次演习出动了美国空军的电子战、网络和情报人员，旨在改进信息战战术，提高空军网络电子战和电磁频谱能力	提高空军网络电子战和电磁频谱能力
"天盾1400"电子战演习	伊朗	2021年5月	大规模电子战演习	参演部队操作无人机和智能小型飞行器在电子战的掩护下对预定目标进行攻击，演习还分析了对飞机探测的精度和速度，并对目标系统进行了电子侦察和干扰

续表

试验名称	国家（或组织）	时间	试验情况	验证的关键技术
"网络扬基"演习	美国	2021年6月	可使用户快速将网络攻击细节通过指挥系统上传至网络司令部，从而做出更快速、高效的反应	使用了美国网络司令部开发的"网络9线"（Cyber 9-Line）系统
"网络旗帜21-2"演习	美国	2021年6月	演习在跨越8个时区的3个国家展开	再次使用持续网络训练环境（PCTE），该平台规模较往年扩大5倍
美日联合演习	美国、日本	2021年6月	主要内容是电子战和防空作战，旨在提升日本海上自卫队的战术能力和日美之间的协同作战能力	日本海上自卫队出动了"爱宕"级"宙斯盾"驱逐舰，美国海军则出动了两架EA-18G"咆哮者"电子战飞机
Blue OLEx演习	欧盟	2021年10月	检验欧盟CyCLONe的标准运营程序（SOP）	应对大规模跨境网络危机或影响欧盟公民和企业的网络事件
"会聚工程2021"试验	美国	2021年10月	协调跨陆、海、空、天、网五大作战领域的军事行动，以为美军联合作战概念和联合全域指挥控制提供信息	试验网络、人工智能等110项技术开展大规模演示
"网络旗帜21-1"演习	美国	2021年11月	共有23个国家的200多名网络作战人员参与演习	以网络空间集体防御为重点对美国及其盟友、合作伙伴的参演人员进行了检验和培训

试验名称	国家 （或组织）	时间	试验情况	验证的关键技术
"网络联盟"演习	美国	2021 年 12 月	共计约 1000 名盟国及合作伙伴的网络防护人员参演，旨在改善自身 IT 网络保护并微调与盟国和合作伙伴实时信息交换机制的手段	检验在网络空间开展行动以及威慑和防御网络领域威胁的能力